ISBN 978-3-662-37421-4   ISBN 978-3-662-38172-4 (eBook)
DOI 10.1007/978-3-662-38172-4

Die in den Sitzungsberichten Abt. I und Abt. II a der math.-nat. Klasse der Österr. Akad. d. Wiss. erscheinenden Abhandlungen werden auch einzeln abgegeben. Sie können durch jede Buchhandlung oder direkt durch die Auslieferungsstelle der Österreichischen Akademie der Wissenschaften (Wien I, Singerstraße 12) bezogen werden.

Nachfolgende Abhandlungen aus dem Fache **Astronomie** sind erschienen:

1948 (S II a, Bd. 157):

Graff K.: Raumverfärbung in der Milchstraße nach photoelektrischen und visuell-kolorimetrischen Messungen (mit 2 Figuren), 24 Seiten. S 16.80
Pastor M.: Meteor vom 2. Juni 1939, 18 Seiten. S 15.—
Pastor M.: Das Meteor vom 17. September 1944, $20^h 37^m$ MEZ., 14 Seiten. S 7.60
Pastor M.: Das Meteor vom 18. Dezember 1945, $17^h 05^m$ MEZ. (mit 1 Figur), 23 Seiten. S 10.40
Roth H.: Ortsbestimmung von 433 Punkten hoher Albedo auf einer Vollmondaufnahme (mit 2 Figuren und 5 Tafeln), 27 Seiten. S 32.40
Widorn Th.: Eine Beziehung zwischen Radius und Masse und über den Aufbau der inneren Planeten (mit 5 Abbildungen), 23 Seiten. S 15.20
Widorn Th.: Zur Absoluten Helligkeit extragalaktischer Nebel (mit 6 Figuren), 9 Seiten. S 6.20

1950 (1949) (S II a, Bd. 158):

Eichhorn H.: Über Funktionaldeterminante und Ausnahmefälle bei der Bahnbestimmung in der Ellipse (mit 1 Tafel), 11 Seiten. S 20.—
Ferrari d'Occhieppo K.: Himmelsmechanische Untersuchung über die hypothetischen Massen D und E im Algolsystem (mit 2 Tafeln), 31 Seiten. S 20.—
Hnatek A.: Über die Berechnung einer Sonnenuhr bei beliebiger Neigung und beliebigem Azimut der Uhrfläche (mit 7 Textfiguren), 14 Seiten. S 12.—
Pastor M.: Drei Feuerkugeln vom 19. August 1936, 32 Seiten. S 21.—
Wähnl Maria: Eine theoretische Untersuchung zur Entstehungshypothese der Sternhaufen (mit 2 Textfiguren), 32 Seiten. S 24.—

1950 (1950) (S II a, Bd. 159):

Haupt H.: Über Phasenkoeffizienten und Albedo der kleinen Planeten Ceres, Palls, Juno und Vesta, 20 Seiten. S 21.60
Nikoloff I.: Definitive Bahnbestimmung des Kometen 1936 III (Kaho-Kozik.-Lis), 17 Seiten. S 20.40
Pastor M.: Die Feuerkugel vom 4. Jänner 1945, $17^h 52^m$ MEZ., 22 Seiten. S 16.—
Socher H.: Die Polhöhe der Universitäts-Sternwarte Wien, 10 Seiten. S 8.60
Socher H.: Veränderliche Fundamentalsterne der „Potsdamer Durchmusterung" (mit 2 Abbildungen), 9 Seiten. S 7.20

1951 (S II a, Bd. 160):

Eichhorn H.: Die Genauigkeit einer Kreisbahnbestimmung, 15 Seiten. S 8.50
Schrutka-Rechtenstamm Erna: Definitive Bahnbestimmung des Kometen 1932 I, 25 Seiten. S 19.80
Senftl E.: Definitive Bahnbestimmung des Kometen 1930 V (Forbes), 15 Seiten. S 13.60

1952 (S II a, Bd. 162):

Ferrari d'Occhieppo K.: Die Häufigkeitsfunktion der Sternmassen (mit 3 Abbildungen), 31 Seiten. S 22.50
Hopmann J.: Selenodätische Untersuchungen, 46 Seiten. S 23.90
Krumpholz H.: Beobachtungen von Kometen und von (433) Eros, 2 Seiten. S 2.20
Nikoloff I.: Photographische Positionen am Normal-Astrographen, 2 Seiten. S 2.20
Schütte K.: Galaktozentrische Bahnelemente von 1026 Fixsternen in der nächsten Umgebung der Sonne (mit 3 Abbildungen), 72 Seiten. S 27.—
Schrutka-Rechtenstamm G.: Definitive Bahnbestimmung des Kometen 1930 III, 21 Seiten. S 8.—

Definitive Bahnbestimmung des Kometen 1932 V (Peltier=Whipple)

Von

Guntram Schrutka-Rechtenstamm (Wien)

(Vorgelegt in der Sitzung am 5. November 1953)

Zusammenfassung

Von diesem Kometen liegen 475 Beobachtungen von 1932 Aug. 6 bis Nov. 30 vor, zu denen noch zwei Aufnahmen vor der Entdeckung (Juli 13 und Juli 23) aus Bloemfontein hinzukommen.

Es wurden die Störungen durch die Planeten Venus, Erde, Jupiter und Saturn berücksichtigt sowie die Korrektion der Sonnenörter nach Korn. Sämtliche Beobachtungen wurden mit AGK-2-Örtern neu reduziert, soweit die Unterlagen dafür vorhanden waren, auch die photographischen. Trotzdem stellten sich beim Versuch, jene Bahn zu finden, die die Beobachtungen am besten darstellt, Schwierigkeiten ein. Sie dürften davon herrühren, daß am Schluß der Beobachtungszeit die Mitte der Koma, sonst aber die Mitte des Kerns pointiert wurde. Es sind im ganzen sechs Bahnen (s. Tabelle V) berechnet worden. Sie unterscheiden sich darin, daß bei den einen sämtliche Beobachtungen (außer den schlechtesten) entsprechend ihrem Gewicht mitgenommen wurden, bei den anderen aber nur die besten. Andererseits sind bei manchen Bahnen die ersten oder die letzten Beobachtungen weggelassen worden.

Wegen der verschiedenen Auffassung der Kometenmitte dürfte es wohl das Richtigste sein, bei der Bestimmung der Bahn die letzten Beobachtungen auszuschließen, nicht aber die ersten aus Bloemfontein, da diese nicht widersprechen. Nachdem die Fehler kleiner werden, wenn man nur die besten Beobachtungen anerkennt, dürfte die fünfte in Tabelle V angeführte Bahn den anderen vorzuziehen sein.

Beobachtungen

Der Komet 1932 V (vorläufige Bezeichnung 1932 k) wurde am 8. August 1932 von Peltier in Delphos, Ohio, im Sternbild des Perseus entdeckt, unabhängig von ihm auch von Whipple in Harvard, der ihn auf einer Überwachungsplatte vom 6. August 1932 fand. Später wurde er auch noch auf zwei Überwachungsplatten vom 13. und 23. Juli gefunden, die auf der Harvardstation Bloemfontein in Südafrika aufgenommen wurden[1].

Bei der Entdeckung hatte der Komet einen fast sternartigen Kern 8. Größe und einen Schweif von 1° Länge (im Pos.-Winkel 243°, dazu kam auf Aufnahmen noch ein zweiter von 15' Länge und 140° Pos.-Winkel). Der Komet bewegte sich dann stark nordwärts, erreichte eine Deklination von etwa 80°, kam dabei in Konjunktion zur Sonne (war aber wegen seiner hohen Deklination noch immer leicht zu beobachten, wenn auch in unterer Kulmination) und gelangte schließlich in das Sternbild des Großen Bären. Die Helligkeit stieg bis auf 6^m8 etwa am 22. August, Mitte September betrug sie noch etwa 8^m5. Anfang Oktober hatte er etwa 10. Größe, und nur bis dahin konnten auf den meisten Sternwarten Beobachtungen erhalten werden, auch konnte nur bis dahin ein Schweif gesehen werden (zuletzt 20' Länge im Pos.-Winkel 18°). Nachher gelangen Beobachtungen nur mehr van Biesbroeck in Yerkes und Schorr in Hamburg-Bergedorf. Die letzte Beobachtung erhielt van Biesbroeck am 30. November 1932; der Komet hatte dabei die 17. Größe.

Von diesem Kometen liegen sehr viele Beobachtungen vor, sowohl bezüglich der Position als auch der Helligkeit und anderer Merkmale (Aussehen, Schweif u. dgl.)[2].

---

[1] Siehe Literaturzitate und sonstige Angaben in Vierteljahrsschrift der Astr. Ges. **69**, 119, (1934), **70**, 47 (1935), **71**, 50 (1936) sowie die im Astronomischen Jahresbericht. Bezüglich der Helligkeitsangaben siehe insbesondere M. Beyer, Physische Beobachtungen von Kometen. A. N. **250**, 233 (1933).

[2] Einige von den Beobachtungen standen mir anfangs auf der Wiener Sternwarte nicht zur Verfügung; ich erhielt diese von Kopenhagen, wofür ich hier noch bestens danke.

Positionsbeobachtungen liegen von folgenden Sternwarten vor:

Tabelle 1.

Sternwarte	Beobachter	Quelle
Ann Arbor (Michigan)	D. B. MacLaughlin (vis.)	A. J. **43**, 64
Ann Arbor (Michigan)	M. K. Jessup A. D. Maxwell	erwähnt in Publ. Michigan V, Nr. 2
Athen	G. Adamopoulos (vis.)	J. O. **16**, 44 (teilweise auch UAI Circ 400, 402)
Athen	S. Plakidis	UAI Circ 402
Babelsberg	G. Struve und G. Simonow (beide vis.)	A. N. **250**, 257 (teilweise auch B. Z. 31, 34, 35 und UAI Circ 399, 400, 401, 402, 403)
Barcelona	I. Polit (vis. und phot.)	Bol. Obs. Fabra **2**, S. 86 u. 87 (teilweise auch UAI Circ 401)
Bergedorf	A. A. Wachmann und E. Guyot	B. Z. 35
Bergedorf	R. Schorr (phot.)	A. N. **251**, 211 (teilw. auch B. Z. 39, 44 und UAI Circ 404, 408)
Besançon	P. Chofardet (vis.)	J. O. **17**, 49 (teilweise auch UAI Circ 401)
Bloemfontein	Überwachungsaufnahme vor der Entdeckung	UAI Circ 441 oder HAC 270
Breslau	W. Gleißberg, K. Stumpff, G. Zimmermann (vis. und phot.)	A. N. **246**, 327 (teilw. auch B. Z. 31)
Delphos, Ohio (Entdeckung)	L. C. Peltier	B. Z. 30, UAI Circ 396 oder HAC 233
Frankfurt	K. Boda	B. Z. 31
Göttingen	B. Meyermann	B. Z. 30 oder UAI Circ 399
Harvard (Entdeckung)	F. L. Whipple (phot.)	UAI Circ 401, 402 oder HAC 233, 234
Heidelberg	M. Mündler (vis.)	A. N. **248**, 357 (teilw. auch B. Z. 31, 32, 34, 45 und A. N. **246**, 327)
Heidelberg	K. Moravetz (phot.)	A. N. **247**, 207
Helwan	M. R. Madwar	UAI Circ 400

Sternwarte	Beobachter	Quelle
Kiew	S. D. Tscherny (vis.)	A. N. **248**, 43 (teilweise auch A. N. **246**, 327 und B. Z. 34, 35, 36, 38, 39)
Köln	W. Malsch (phot.)	A. N. **250**, 87
Kopenhagen	J. P. Möller, B. Svanhof, H. Jensen (alle vis.)	A. N. **248**, 309 (auch UAI Circ 398, 401, 403, B. Z. 30 und HAC 234)
Kwasan-Kyoto	M. Inaba (phot.)	Kyoto Bull. 241
Lalín	R. M. Aller (vis.)	A. N. **247**, 5
Leiden	A. J. Wesselink (phot.)	UAI Circ 403
Lemberg	W. Szpunar (vis.)	Acta astr. c **2**, 121
Lick	H. M. Jeffers, B. Karpoff R. Zug (alle vis.)	Lick Bull **16**, 112 (teilweise auch HAC 234)
Madrid	R. Carrasco, E. Gullón (beide phot.)	Bol. astr. Madrid **1**, 8
Moskau-Presnia	W. Koslow (vis.)	A. N. **247**, 307 (teilweise auch A. N. **246**, 327)
Moskau-Presnia	J. Putilin (phot.)	A. N. **249**, 11
Moskau-Presnia	E. Bugoslawsky (phot.)	R. A. J. **10**, 454
Norwood	W. H. Steavenson	UAI Circ 399, 400
Ondřejov	V. Guth	UAI Circ 399
Pennsylvania (Flower Obs., Upper Darby)	R. H. Wilson (vis.)	A. N. **247**, 119
Posen	S. Andruszewski	UAI Circ 399, 401, 403
Posen	E. Warmbier (vis.)	Acta astr. b **2**, 12 oder Publ. Poznań 2, fasc. 3 (teilweise auch UAI Circ 399)
Pulkowo	K. D. Pokrowsky (vis.)	A. N. **250**, 357 (teilweise auch B. Z. 34)
Pulkowo	N. Kommendantoff (vis.)	A. N. **252**, 187
Pulkowo	H. Lenhauer (phot.)	Pulk. Obs. Circ. 7, 25
Tartu	A. Kipper und H. Muischek (vis. und phot.)	A. N. **248**, 31
Taschkent	V. Malzew (phot.)	Taschkent Circ 12
Turin	G. B. Lacchini	B. Z. 31 oder UAI Circ 398, 400
Turin	M. A. Ferrero	UAI Circ 402
Uccle	E. Delporte und P. Bourgeois (beide phot.)	B. A. B. **1**, 147 (teilweise auch UAI Circ 402)

Sternwarte	Beobachter	Quelle
Utrecht	J. van der Bilt (vis.)	B. A. N. 7, 246
Warschau	L. Orkisz (phot.)	Warsaw Publ. 8, 27 (auch UAI Circ 402, 403)
Warschau, École polytechnique	F. Kępiński und M. Kowalczewski (beide vis.)	Inst. d'astr. prat. de l'éc. pol. de Vars. Publ. 10
Washington Naval Obs.	H. E. Burton und W. M. Browne (beide vis.)	A. J. 50, 25 (teilweise auch HAC 234)
Wiesbaden	F. Kaiser	B. Z. 31, 34
Wien	H. Krumpholz (vis.)	A. N. 249, 335
Wilno	W. Iwanowska und S. Szeligowski (beide vis.)	J. O. 15, 173
Yerkes	G. van Biesbroeck (vis. und phot.)	A. J. 43, 17 und A. J. 43, 20 (teilweise auch HAC 234)

Ausgangsbahn und Störungen

Als Ausgangsbahn wurde die von A. D. Maxwell (Michigan Publ. V, Nr. 2) benutzt, die die Beobachtungen bereits recht gut darstellt. Diese lautet:

$T = $ 1932 Sept. 1.85100 $i = 71° 42' 54''\!.5$
$q = 1.037229$ $\omega = 38° 28' 0''\!.3$ Äquinoktium 1932.0
$e = 0.9769825$ $\Omega = 344° 30' 54''\!.5$

Umlaufszeit etwa 302.5 Jahre

An diese Bahn mußten nun die Störungen angebracht werden, bevor an den Vergleich der Beobachtungen mit der Rechnung geschritten werden konnte, damit der Vergleich mit der Theorie ganz exakt erfolgen kann. Als Oskulationsepoche wurde 1932 Aug. 19.0 festgesetzt; es wurde daher die vorläufige Bahn so festgelegt, daß sie als für diese Epoche oskulierend gilt. Auf dieser Grundlage wurden dann die Störungen berechnet, und zwar in rechtwinkligen Koordinaten nach Encke. Berücksichtigt wurden hiebei die Planeten Venus, Erde (+ Mond), Jupiter und Saturn, der Einfluß der übrigen ist offenbar verschwindend.

So ergaben sich folgende Störungen im System des Äquators (Einheit 10^{-7} A. E.).

Tabelle 2.

1932	ξ′	η′	ζ′
Juli 15	— 20	— 7	— 17
25	— 11	— 3	— 11
Aug. 4	— 4	— 1	— 5
14	0	0	0
24	0	0	— 1
Sep. 3	— 1	0	— 6
13	— 3	— 1	— 14
23	— 5	— 2	— 27
Okt. 3	— 9	— 4	— 45
13	— 13	— 6	— 67
23	— 17	— 9	— 94
Nov. 2	— 22	— 12	— 128
12	— 27	— 16	— 169
22	— 32	— 20	— 216
Dez. 2	— 37	— 24	— 270

Ephemeride

Aus obigen Elementen und den nach Tabelle 2 hinzugefügten Störungen wurde nun eine Ephemeride (Tabelle I am Schluß) berechnet. Für die Beobachtungen aus Bloemfontein wurden nur die Örter selbst, keine Ephemeride berechnet, da sie sich nicht gelohnt hätte. Die Sonnenkoordinaten wurden dem Berliner Jahrbuch entnommen, an diese aber noch die Korrektionen nach Korn[3] angehängt (hiebei ein $\Delta \alpha = +0\overset{s}{.}055$ zugrunde gelegt, also Tab. 4 + 1½facher Wert der Tab. 6 der Arbeit von Korn). Die Lichtzeit wurde in die Ephemeride hineinverarbeitet, so daß die Beobachtungen (abgesehen von der Parallaxe) direkt mit der Ephemeride verglichen werden können (vorausgesetzt, daß die Beobachtungen genau so wie die Ephemeride für das Äqu. 1932.0 gelten, was meist der Fall ist).

Vergleich der Beobachtungen mit der Ephemeride

Soweit die Messungen mikrometrisch erfolgt sind und die $\Delta \alpha$ und $\Delta \delta$ angegeben waren, wurden die Beobachtungen neu reduziert. Als

---

[3] J. Korn, Bemerkung über die Korrektionen der Sonnenephemeride, A. N. 268, 377 (1939); siehe auch A. Kahrstedt, Die Fehler der Sonnenephemeride, A. N. 265, 305 (1938).

Vergleichssternort wurde, wenn vorhanden, stets der aus dem AGK 2 benutzt[4]. Eigenbewegungen wurden an diese angebracht, indem sie durch Vergleich mit einem älteren Katalog (meist dem AGK 1) ermittelt wurden. In Anbetracht der geringen Epochendifferenz gegenüber dem AGK 2 (etwa 2½ Jahre) gehen dabei Fehler des alten Katalogs nur in sehr vermindertem Maß ein, so daß also die Reduktion doch im wesentlichen im System des AGK 2 erfolgt ist; dieses deckt sich bekanntlich mit dem des FK 3. Nur wenn keine AGK-2-Örter vorhanden waren, wurden diese den photographischen Katalogen der Carte du ciel entnommen, wobei jedesmal der Ort aus beiden in Betracht kommenden Katalogen gemittelt wurde. Wenn bei diesen eine Eigenbewegung angegeben war, was im Greenwicher Katalog Bd. 5, 6 manchmal vorkommt, wurde diese berücksichtigt.

Zwei von den beteiligten Sternen waren nicht einmal in den Katalogen der Carte du ciel enthalten. Diese wurden den photographischen Karten der Carte du ciel entnommen, indem auf diesen Karten neben diesen Sternen eine Anzahl Nachbarsterne gemessen wurden und dann in die Örter dieser Nachbarsterne hineininterpoliert wurde, wie dies bei der Reduktion photographischer Himmelsaufnahmen üblich ist. Nachdem diese Karten den ziemlich großen Maßstab 1 mm = 30″ haben und immer nur an die untereinander 5′ entfernten Gitterstriche angeschlossen wurde, war doch eine beträchtliche Genauigkeit zu erwarten, obwohl es sich nur um Papierkopien handelte. Jedenfalls wurden sämtliche Anschlußsterne mit einem mittleren Fehler von 0″.5 dargestellt.

Es handelt sich dabei um folgende Sterne:

1. Ein am Flower Obs. fälschlicherweise mit Grw ph 67° 1366 identifizierter Stern (Beob. von 1932 Aug. 22). Dessen Koordinaten für Äqu. 1932.0 sind nach der Ausmessung auf der Papierkopie der Carte du ciel

$$\alpha = 4^h\ 20^m\ 54\overset{s}{.}37 \qquad \delta = +\ 67°\ 47'\ 3\overset{''}{.}1.$$

---

[4] Bei der Bearbeitung waren nur die nördlich von + 50° erschienen. Die übrigen erhielt ich auf eine schriftliche Anfrage hin aus Bergedorf, wofür ich an dieser Stelle noch bestens danke.

2. Ein Stern, an den in Babelsberg angeschlossen wurde (Beob. von 1932 Aug. 26). Dieser wurde zwar wieder an einen anderen Stern angeschlossen, aber offenkundig mit einem Fehler von 14″. Durch Nachmessung auf der Papierkopie der Carte du ciel konnte der Sternort und damit der Kometenort berichtigt werden. Der Vergleichssternort für 1932.0 lautet richtig

$$\alpha = 5^h\,28^m\,40^s\!.61 \qquad \delta = +75°\,26'\,6''\!.4.$$

Bei der Beobachtung von Pokrowski 1932 Sept. 5 wurde auch etwas Ähnliches vermutet, doch fand sich auf den beiden Papierkopien der Carte du ciel kein irgendwie hiefür in Frage kommender Stern, so daß die Beobachtung gestrichen werden mußte.

Die Reduktion der scheinbaren Koordinatendifferenzen auf solche für 1932.0 wurde durchgeführt, indem für die Koeffizienten dieser Reduktion eine Ephemeride von 4 zu 4 Tagen (bei den ganz hohen Deklinationen von 2 zu 2 Tagen) angelegt wurde. Nachher stellte es sich allerdings heraus, daß die Korrektionen so klein waren, daß ihre Anbringung eigentlich überflüssig war.

Bei den photographischen Örtern von Taschkent und Uccle waren dependencies angegeben. Es war daher möglich, die Positionen nach dem in J. B. A. A. 39, 203 von Comrie angegebenen Verfahren mit verbesserten Vergleichssternörtern (wo möglich aus dem AGK 2) neu zu reduzieren. So konnten auch einige ausgesprochene Reduktionsfehler bei Taschkent richtiggestellt und auch die Güte der übrigen Beobachtungen von Taschkent erheblich verbessert werden. Auch bei den photographischen Beobachtungen von van Biesbroeck in Yerkes wurde dergleichen unternommen, wenn auch allerdings wegen der fehlenden dependencies keine Überprüfung der Rechnung möglich war, sondern nur der Unterschied zwischen AGK-2-Ort und dem Ort, den van Biesbroeck benutzt hatte, angebracht werden konnte.

Außerdem ist die letzte Beobachtung von van Biesbroeck in Yerkes von 1932 Nov. 30 sichtlich fehlerhaft, wie ein Vergleich mit der Ephemeride sofort zeigt. Auf eine schriftliche Anfrage nach Yerkes erfuhr ich, daß dabei fälschlicherweise ein Plattenfehler gemessen wurde. Van Biesbroeck vermaß daraufhin auf der fraglichen Platte den richtigen

Kometenort[5]. Nach seiner Mitteilung lauten die Koordinaten (für Äqu. 1932.0) richtig

$$\alpha = 14^h 29^m 3.^s21 \qquad \delta = +43° 46' 25''.1$$

Die danach korrigierten Örter lauten:

Tabelle 3.

t	$\alpha_{1932.0}$	$\delta_{1932.0}$
Taschkent:		
1932 Aug. 21.74206	4ʰ 15ᵐ 22.ˢ05	+ 66° 37' 42''.6
21.89680	4 17 7.80	+ 66 59 51.9
22.68146	4 26 51.50	+ 68 47 56.6
22.87157	4 29 26.18	+ 69 13 44.3
23.76606	4 42 46.06	+ 71 10 17.4
24.81559	5 1 30.75	+ 73 18 4.0
24.94483	5 4 4.00	+ 73 33 11.3
25.82691	5 23 31.18	+ 75 10 9.5
26.69267	5 46 5.10	+ 76 35 32.8
27.70688	6 17 40.93	+ 78 1 16.6
29.85319	7 42 55.27	+ 79 57 33.5
31.69238	9 5 17.98	+ 80 15 2.7
Sep. 1.75476	9 49 9.64	+ 79 53 21.8
2.97931	10 32 21.78	+ 79 7 0.4
3.79027	10 56 11.08	+ 78 27 6.3
5.84847	11 42 28.42	+ 76 28 42.1
6.93671	12 0 29.47	+ 75 20 59.9
7.95661	12 14 24.50	+ 74 16 41.2
7.97933	12 14 41.54	+ 74 15 13.9
11.69521	12 49 23.67	+ 70 25 53.6
18.68369	13 22 31.95	+ 64 10 51.4
20.73749	13 28 36.05	+ 62 35 52.3
21.70090	13 31 7.12	+ 61 53 32.6
22.68763	13 33 29.83	+ 61 11 37.4
23.69743	13 35 46.19	+ 60 30 9.7
25.67122	13 39 47.40	+ 59 13 1.1
26.73332	13 41 46.00	+ 58 33 25.6
27.69625	13 43 26.44	+ 57 58 48.1

---

[5] Er schreibt dabei unter anderem: I had measured a spurious image on the plate of Nov. 30 and found the real one knowing the approximate O — C. The object is faint and diffuse but a little better defined than the false image that misled me.

t	$\alpha_{1932.0}$	$\delta_{1932.0}$
Uccle:		
1932 Aug. 25.001371	5^h 5^m $15\overset{s}{.}51$	$+73°$ $39'$ $33\overset{''}{.}1$
25.955473	5 26 37.81	+75 23 24.2
Yerkes:		
1932 Aug. 10.33777	3^h 9^m $41\overset{s}{.}48$	$+36°$ $50'$ $41\overset{''}{.}3$
12.28949	3 15 58.18	+41 56 1.3
Sep. 15.04939	13 8 30.70	+67 15 44.3
22.05521	13 31 59.24	+61 38 26.3
Okt. 12.44769	14 1 49.79	+51 4 37.5
22.02236	14 9 52.16	+48 4 45.8
27.01944	14 13 28.53	+46 52 14.7
Nov. 2.45973	14 17 36.35	+45 37 41.4
5.46682	14 19 21.88	+45 10 8.0
26.44523	14 28 9.75	+43 42 40.4
30.46042	14 29 3.06	+43 46 25.4

Die anderen Örter mußten so benutzt werden, wie sie angegeben waren.

Die Parallaxe wurde stets neu gerechnet, die in den Publikationen gegebenen log $(p\,\Delta)$ wurden nur zur Kontrolle verwendet.

Auch sonst wurden leicht ersichtliche Fehler in den Beobachtungen korrigiert. An solchen Fehlern fand sich (außer den bereits oben angegebenen):

Athen: Bei der Beob. Sep. 24 wurde in δ die Minutenziffer unrichtig angegeben. Es heißt richtig 41' statt 37'. Bei Sep. 19 ist die Zeit um 1^h unrichtig, sie hat zu lauten $20^h\,9^m\,53^s$. Dementsprechend sind auch die log $(p\,\Delta)$ zu ändern und heißen richtig 9.936, 0.765. Auch die log $(p\,\Delta)$ in α von Sep. 8 und 24 und die in δ von Aug. 24, Sep. 10, 24 sind zu verbessern; sie lauten richtig 8.792, 9.507; 0.247, 0.574, 0.921.

Barcelona: Bei Aug. 23 ist bei dem Werte für δ eine Minutenziffer unter die Grade geraten. Bei Aug. 12 ist die Angabe in UAI Circ 401 in Ordnung, in Bol. Obs. Fabra 2 fehlerhaft; log $(p\,\Delta)$ ist für Aug. 23 fehlerhaft.

Besançon: Bei der ersten Beob. von Aug. 12 wurde α des Vergleichssterns und damit auch des Kometen um 10^s unrichtig berechnet.

Bloemfontein: Bei der Beobachtung Juli 13 wurden die Grade von δ unrichtig angegeben, es heißt richtig $-8°$ statt $-0°$.

Heidelberg: $\Delta\delta$ von Sep. 19 stimmt nicht mit δ 1932·0 und dem angegebenen Vergleichssternort überein. Der für $\Delta\delta$ angegebene Wert wurde weiter verwendet. Die log $(p\Delta)$ der ersten beiden Orte sind nicht ganz richtig. Sie lauten richtig 9,679n, 9.673n; 0.774, 0.626.

Kiew: Aug. 23 wurde der Vergleichsstern 30 unrichtig identifiziert, er lautet richtig BD $+ 71°$ 276; Vergleichsstern 64 ist in der BD unter $+ 62°$ 1297 enthalten. Auch eine Anzahl von log $(p\Delta)$, insbesondere in δ sind unrichtig bestimmt.

Lalín: Eine Anzahl log $(p\Delta)$ wurden unrichtig bestimmt.

Lemberg: Beim Vergleichsstern 12 sind die Minutenziffern von α unrichtig angegeben, sie haben zu lauten 35 statt 55. Bei der dritten Beobachtung von Aug. 26 stimmt $\Delta\delta$ mit δ des Kometen um $1''$ nicht überein; es wurde der Wert $\Delta\delta = -0'\,47\rlap{.}''9$ als gültig betrachtet.

Pennsylvania: Bei Aug. 22 ist der Vergleichsstern 67° 1366 unrichtig (s. S. 457).

Posen: Bei den Beobachtungen von E. Warmbier stimmt bei Aug. 10 und Sep. 24 der Wert für $\Delta\delta$ mit dem für δ für den Kometen nicht überein. In der Tabelle der B — R wurde der bei δ angegebene benutzt. Im übrigen ist dies belanglos, nachdem diese Reihe das Gewicht 0 erhalten hat.

Tartu: Die Beobachtungen sind äußerst fehlerhaft reduziert, so daß sie gestrichen werden mußten. Insbesondere sind die Beob. von Aug. 20, 26, Sep. 1, Okt. 5, 6 sowie die photographischen gänzlich mißraten.

Taschkent: Der Wert für α von Aug. 25 ist offenbar deshalb entstellt, weil die Präzession bei Grw ph 8523 falsch angegeben ist. Die Werte von α für Sep. 5 und 6 sind durch Reduktionsfehler schwer entstellt. Dies konnte aber durch die Neureduktion in Ordnung gebracht werden.

Utrecht: Die Parallaxenfaktoren sind nicht richtig ermittelt.

Warschau, Éc. pol.: $\Delta\delta$ von Sep. 14 stimmt¹ bei Kępiński mit δ nicht überein. Der Wert für $\Delta\delta$ wurde anerkannt. Auch die Parallaxenfaktoren sind nicht ganz richtig.

Wien: log $(p\Delta)$ in δ ist bei Aug. 24 und Sep. 6 unrichtig, es hat zu lauten 0.711 und 0.751.

Wilno: Bei den Katalogörtern aus Berl C wurde nicht beachtet, daß diese für das Äqu. 1905.0 gelten und nicht für 1875.0. Auch ist log fp in δ für die erste Beobachtung Aug. 19 nicht richtig und hat zu heißen 0.5308.

Yerkes: Bei der Beob. Aug. 14 wurde die Zeit um 1^h falsch eingesetzt. Sie hat zu heißen 14.36734. Bei Vergleichsstern 19 hat es zu lauten Vat ph $+ 58°$ 43696.

So ergab der Vergleich der Beobachtungen mit der Rechnung die Werte der Tabelle II am Schluß. Nicht angeführt wurden hiebei genäherte Positionen, das sind die Entdeckung von Peltier in Delphos, die Beobachtungen aus Wiesbaden, die von Moravetz in Heidelberg, die zweite Beobachtung von Okt. 6 von Schorr in Hamburg-Bergedorf, ferner die sichtlich schwer fehlerhaften Beobachtungen von Tartu und Kwasan-Kyoto (bei diesen betragen die Fehler oft einige Minuten).

Gewichte und Normalörter

Aus den Abweichungen B-R waren nun die Normalörter zu bilden. Dazu war aber zunächst das Gewicht einer jeden Beobachtungsreihe zu ermitteln. Zu diesem Zweck wurden zunächst sämtliche B-R in zwei Diagramme eingetragen, die beide als Abszissen die Zeit enthielten, deren Ordinaten cos $\delta \Delta \alpha$ bzw. $\Delta \delta$ waren. Da nun die Abweichung der wahren Bahn von der vorläufigen ziemlich stetig verläuft, kann man annehmen, daß man diese ungefähr erhält, wenn man durch die eingezeichneten Punkte eine möglichst glatte Kurve legt. Die Abweichungen der Punkte von der Kurve sind dann im wesentlichen durch die Beobachtungsfehler bedingt, und man kann so den mittleren Fehler einer Beobachtungsreihe und deren Gewicht ermitteln. Legt man die Kurve nicht ganz richtig durch, so hat dies meist keinen allzu großen Einfluß, denn ein Teil der Fehler wird vergrößert, ein anderer verkleinert, was sich meist gegenseitig fast aufhebt.

Die Gewichte wurden so bemessen, daß einem mittleren Fehler von $5''$ das Gewicht 1 entspricht, daher wurde das Gewicht P festgesetzt, wenn der mittlere Fehler $\left(\dfrac{5}{\sqrt{P}}\right)''$ betrug. Bei vier Sternwarten war es außerdem noch erforderlich, an die Rektaszensionen systematische Korrektionen nach folgender Tabelle 4 anzubringen.

Tabelle 4.

Sternwarte	Syst. Korr. in cos $\delta \Delta \alpha$
Besançon	$-4''.0$
Breslau (vis.)	-6.1
Lemberg	-7.7
Warschau (Kow.)	$+6.8$

Wenn bei einem Beobachter gleichzeitig an zwei Sterne angeschlossen wurde (was bei Kiew und Lemberg öfters, bei Wien einmal der Fall ist), so wurde diese Beobachtung bei der Mittelung nur einfach entsprechend ihrem Gewicht gezählt.

So ergaben sich folgende Gewichte (die Beobachtungen, an die systematische Korrektionen angebracht wurden, tragen ein †).

Tabelle 5.

Sternwarte	Gewicht in α	in δ	Sternwarte	Gewicht in α	in δ
Ann Arbor (MacLaughlin)			Lick (Karpoff, Zug)	4	4
bis Aug. 15	10	6	Madrid	0	0
Okt. 16	2	2	Moskau (Koslow)	1	1
Ann Arbor (Jessup)	1	1	Moskau (Putilin)	0	0
Ann Arbor (Maxwell)	4	4	Moskau (Bugoslawsky)	15	15
Athen (Adamopoulos)			Norwood	0	0
bis Sep. 8	6	6	Ondřejov	0	0
ab Sep. 10	2	2	Pennsylvania	1	1
Athen (Plakidis)	2	2	Posen (Andruszewski)	6	2
Babelsberg	6	6	Posen (Warmbier)	0	0
Barcelona (vis. und phot.)	0	0	Pulkowo (Kommendantoff)	6	6
Bergedorf (vis. und phot.)	2	2	Pulkowo (Pokrowsky)	4	4
Besançon	4†	4	Pulkowo (Lenhauer)	2	6
Bloemfontein	2	2	Tartu	0	0
Breslau (vis.)	3†	3	Taschkent	6	6
Breslau (phot.)	2	2	Turin	0	0
Frankfurt	0	0	Uccle	1	1
Göttingen	2	2	Utrecht	2	2
Harvard	5	5	Warschau (Orkisz)	0	0
Heidelberg (Mündler)			Warschau (Kępiński)	2	1
bis Aug. 19	15	15	Warschau (Kowalczewski)	2†	2
ab Aug. 22	5	5	Washington bis Aug. 25	15	15
Helwan	2	2	ab Sep. 25	10	10
Kiew	2	2	Wien	15	15
Köln	0	0	Wilno (Iwanowska)	0	0
Kopenhagen	4	4	Wilno (Szeligowski)	1	2
Kwasan-Kyoto	0	0	Yerkes (vis.) bis Aug. 19	15	15
Lalin	0	0	ab Sep. 20	6	6
Leiden	2	2	Yerkes (phot.) bis Sep. 22	4	4
Lemberg	1†	1	ab Okt. 12	2	2
Lick (Jeffers)	10	10			

Doch mußten wegen nicht mehr feststellbarer Fehler ausgeschlossen werden:

Die Beobachtung von Aug. 24 sowie die Deklination von Sep. 24 von Adamapoulos in Athen, die Beobachtung von Aug. 18 von Plakidis in Athen, die Rektaszension der Beobachtung von Aug. 29 von Mündler in Heidelberg, die Rektaszensionen von Aug. 21, Okt. 2 sowie die der ersten Beobachtung von Sep. 18 in Kiew, die Beobachtung von Aug. 24 von Jensen in Kopenhagen, die Beobachtung von Aug. 23 und die Rektaszension von Sep. 1 in Lemberg, die Beobachtungen Sep. 5 und Sep. 21 sowie die Deklination von Aug. 24 und die Rektaszension von Aug. 31 von Pokrowsky in Pulkowo, die zweite Beobachtung von Aug. 27 von Kommendantoff in Pulkowo, die ersten fünf Beobachtungen von Kowalczewski in Warschau (bei diesen wurden die δ wegen nicht mehr kontrollierbarer Fehler bereits von ihm selbst ausgeschlossen, aber auch die α sind zu fehlerhaft, um mitgenommen werden zu können), die Deklination von Aug. 19 und die Rektaszension von Aug. 21 von Szeligowski in Wilno sowie die Beobachtung von Nov. 5 in Yerkes, während die Deklination der Beobachtung von Sep. 3 in Taschkent nur das Gewicht 2 erhielt.

Sämtliche ausgeschlossenen Beobachtungen sind in der Tabelle II der B-R eingeklammert.

Daraufhin wurde das Beobachtungsmaterial in 17 Normalörter zusammengefaßt, die in der Tabelle II durch Zwischenstriche angedeutet sind. An diese Normalörter wurde dann noch eine kleine Korrektion aus folgendem Grunde angebracht. Der Vereinfachung der Rechnung halber wurde bei den Normalörtern III—XIV als Zeit immer 0^h W. Z. festgesetzt, nur dort, wo die Ephemeride halbtägig berechnet wurde, war auch 12^h W. Z. zugelassen. Natürlich entsprach das gewichtete Mittel der Zeitpunkte in der Regel nicht einem solchen Zeitpunkt, ja es konnte sogar der Mittelwert bei den Rektaszensionen etwas anders herauskommen als bei den Deklinationen. Deshalb mußten die Mittel der $\cos \delta \Delta \alpha$ bzw. $\Delta \delta$ auf einen solchen Zeitpunkt reduziert werden. Die dafür erforderliche Größe der Reduktion konnte praktisch zureichend genau aus den beiden Diagrammen, die zur Gewichtsermittlung angelegt wurden, entnommen werden, indem die Neigung der Kurve an der betreffenden Stelle ermittelt wurde.

Die beiden Beobachtungen aus Bloemfontein wurden jede für sich als Normalort behandelt. So ergaben sich die Normalörter der Tabelle 6.

Tabelle 6.

Nr.	Beobachtungszeit	Zeit des Normalortes	Gewicht in α	Gewicht in δ	cos δ Δα	Δδ
I		Juli 13.14468	2	2	— 1.8	+ 4.″6
II		Juli 23.15374	2	2	+ 7.8	+ 3.3
III	Aug. 6.0 — Aug. 12.5	Aug. 11.0	222	206	— 0.30	— 1.00
IV	Aug. 12.5 — Aug. 17.5	Aug. 14.0	225	181	— 1.54	— 2.10
V	Aug. 17.5 — Aug. 21.5	Aug. 19.5	191	179	— 2.64	— 4.83
VI	Aug. 21.5 — Aug. 25.5	Aug. 24.0	186	187	— 3.90	— 4.42
VII	Aug. 25.5 — Aug. 29.5	Aug. 27.0	125	123	— 4.55	— 2.80
VIII	Aug. 29.5 — Sep. 3.5	Sep. 1.0	99	129	— 5.54	+ 0.25
IX	Sep. 3.5 — Sep. 8.5	Sep. 6.5	134	141	— 3.87	+ 2.41
X	Sep. 8.5 — Sep. 13.5	Sep. 10.0	93	96	— 4.21	+ 2.01
XI	Sep. 13.5 — Sep. 19.5	Sep. 16.0	104	103	— 2.65	+ 1.97
XII	Sep. 19.5 — Sep. 26.0	Sep. 22.0	128	127	— 2.73	+ 0.67
XIII	Sep. 26.0 — Okt. 2.0	Sep. 29.0	77	77	— 2.23	— 1.22
XIV	Okt. 2.0 — Okt. 7.0	Okt. 5.0	21	23	— 2.46	+ 0.93
XV	Okt. 12.0 — Okt. 23.0	Okt. 16.83016	6	6	— 1.57	— 0.07
XVI	Okt. 27.0 — Nov. 6.0	Okt. 30.23958	4	4	+ 6.00	— 0.20
XVII	Nov. 18.0 — Dez. 1.0	Nov. 24.59749	8	8	+ 5.90	— 5.92

Bildung und Auflösung der Fehlergleichungen bei Benutzung sämtlicher Beobachtungen

Für diese Normalörter wurden nun die Fehlergleichungen gebildet. Als Korrektionen der geometrischen Elemente wurden die im System des Äquators $\Delta \Omega'$, $\Delta i'$, $\Delta \omega'$ verwendet. Die Fehlergleichungen wurden überprüft, indem α und δ für eine willkürlich etwas veränderte Bahn berechnet wurde und dann nachgesehen wurde, ob die Änderung von α und δ mit der Änderung übereinstimmt, die aus den Fehlergleichungen folgt. Die Fehlergleichungen wurden dann noch in bekannter Weise mit der Wurzel aus dem Gewicht multipliziert, damit alle Gleichungen gleiches Gewicht haben. So ergaben sich die am Schluß als Tabelle III angeführten Fehlergleichungen.

Löst man diese über die Normalgleichungen in der üblichen Weise auf, so ergeben sich als Korrektionen der Elemente

$$\Delta \Omega' = + 2''40 \qquad \Delta T = + 0\overset{d}{.}002429$$
$$\Delta i' = — 2''01 \qquad \Delta q = + 0''85$$
$$\Delta \omega' = + 9''65 \qquad \Delta \tfrac{1}{a} = + 16''37$$

Die daraus folgenden Elemente sind in der Tabelle V, die in den Normalörtern übrigbleibenden Fehler in Tabelle VI am Schluß angeführt.

Durch diese Ausgleichung sinkt die Fehlerquadratsumme von 28684 auf 2399, so daß sich als mittlerer Fehler der Gewichtseinheit

$$\varepsilon = \sqrt{\frac{2399}{34-6}} = 9\rlap{.}''26$$

ergibt, ein Wert, der etwas hoch erscheint, wenn man bedenkt, daß eine Beobachtung das Gewicht 1 erhielt, wenn ihr mittlerer Fehler $5''$ betrug.

Dies läßt systematische Fehler vermuten. Um diesen näher nachzugehen, wurde folgendes erwogen. Die meisten Normalörter sind Mittel aus einer großen Zahl von Beobachtungen, so daß man annehmen kann, daß sich die Fehler von diesen einigermaßen aufheben, obwohl auch dies angefochten werden kann. Hingegen sind Mittel aus nur wenig Beobachtungen oder gar nur einzelne selbst die Normalörter I, II (Aufnahmen vor der Entdeckung in Bloemfontein) und die Normalörter XV, XVI, XVII, bei denen der Komet so schwach war, daß ihn nur mehr wenige Sternwarten verfolgen konnten.

Es lag also nahe, gerade diese Fehlergleichungen auszuschließen. So wurden Ausgleichungen durchgeführt, die nur die Fehlergleichungen der Normalörter I—XIV, III—XVII, III—XIV anerkannten.

Es zeigte sich, daß der Ausschluß der Normalörter I und II (Beobachtungen in Bloemfontein) nichts Ernstliches am Elementensystem, an der Fehlerquadratsumme und den Restfehlern änderte. Ja sogar der Koeffizient der letzten Eliminationsgleichung änderte sich dabei nur um etwa 7%, so daß auch die Sicherheit kaum beeinflußt wird. Es hat also wenig Sinn, I und II auszuschließen (siehe später und in Tabelle V, VI, den Vergleich zwischen I—XIV und III—XIV).

Anders ist es mit dem Ausschluß von XV—XVII. Dadurch kann die Fehlerquadratsumme erheblich sinken. Benützt man also zur Ausgleichung nur die Normalörter I—XIV, so ergeben sich als Korrektionen

$$\Delta \Omega' = -8\rlap{.}''09 \qquad \Delta T = +0\rlap{.}^d006608$$
$$\Delta i' = -14\rlap{.}''80 \qquad \Delta q = -5\rlap{.}''01$$
$$\Delta \omega' = +14\rlap{.}''31 \qquad \Delta \tfrac{1}{a} = +99\rlap{.}''91$$

also wesentlich anders, als wenn die letzten Fehlergleichungen miteinbezogen werden. Die Elemente und die übrigbleibenden Fehler stehen wieder in Tabelle V und VI am Schluß.

Die Fehlerquadratsumme sinkt hiebei von 27968 auf 1159, so daß sich als mittlerer Fehler der Gewichtseinheit $\varepsilon = \sqrt{\dfrac{1159}{28-6}} = 7\rlap{.}{''}26$ ergibt. Dies ist niedriger als vorher, aber noch immer höher als obige 5″. Es dürften also noch immer systematische Fehler vorhanden sein, wenn auch in geringerem Maße. Die Koeffizienten der letzten Eliminationsgleichungen sind hier etwa ein Viertel von denen, die bei der Verwendung aller Normalörter I—XVII auftreten, d. h. die Sicherheit sinkt durch das Weglassen erheblich.

Läßt man noch Normalort I und II weg, so ergibt sich nur wenig anders

$\Delta \Omega' = -\ 7\rlap{.}{''}66 \qquad \Delta T = +\ 0\rlap{.}{^d}006441$
$\Delta i' = -14\rlap{.}{''}28 \qquad \Delta q = -\ 4\rlap{.}{''}76$
$\Delta \omega' = +14\rlap{.}{''}17 \qquad \Delta \tfrac{1}{a} = +96\rlap{.}{''}23$

und die Fehlerquadratsumme sinkt von 27776 auf 1019, woraus als mittlerer Fehler der Gewichtseinheit $\varepsilon = \sqrt{\dfrac{1019}{24-6}} = 7\rlap{.}{''}52$ folgt.

Auflösung bei Benutzung bloß der besten Beobachtungen

Es wurde nun noch ein Versuch gemacht, die Angelegenheit aufzuklären. Es zeigte nämlich das Verhalten einiger Normalörter (insbesondere δ des XIV. Normalortes) deutlich, wie manche Beobachtungen, deren Fehler an sich noch durchaus dem für sie festgesetzten Gewicht entspricht, doch den Normalort einigermaßen verfälschen können, wenn sie vorwiegend in einer Richtung wirken.

So wurde versucht, überhaupt alle etwas geringerwertigen Beobachtungen auszuschließen und nur die allerbesten zu verwenden. Diese wurden dann aber alle mit dem gleichen Gewicht verwendet. So wurde also beschlossen, nur folgende Beobachtungen der Tabelle 7 im Sinne dieses Versuchs zur Bildung von Normalörtern zuzulassen (für die Zeit von Aug. 10 bis Okt. 6, entsprechend Normalort III—XIV).

Tabelle 7.

Ann Arbor (Beobachtungen von MacLaughlin)
Athen (Beobachtungen von Adamopoulos bis Sep. 8 mit Ausschluß der von Aug. 24)
Babelsberg (sämtliche, auch die von Aug. 26, nachdem bei dieser der Ort des Vergleichssternes gesichert wurde)
Bergedorf, Beobachtung von Okt. 6 (diese deshalb, weil sonst in den Normalort XIV nur zwei Beobachtungen einbezogen wären)
Heidelberg (Beobachtungen von Mündler mit Ausnahme von Aug. 29 und Sep. 21)
Lick (alle Beobachtungen)
Moskau (Beobachtungen von Bugoslawsky)
Taschkent (alle mit Ausnahme von Sep. 3.79)
Washington (alle Beobachtungen)
Wien (alle Beobachtungen)
Yerkes (die visuellen Beobachtungen)

Im ganzen sind es 132 Beobachtungen, die mitgenommen wurden. Diese sind in der Tabelle II der B-R durch einen Stern besonders bezeichnet. Bei diesen ließen sich die Vergleichssterne in der Regel dem AGK 2 entnehmen, und auch dort, wo dies nicht möglich war, machten die Beobachtungen den Eindruck von Verläßlichkeit.

Werden nun aus diesen Beobachtungen die Normalörter gebildet, wobei für jede Beobachtung das Gewicht 1 eingesetzt wurde, so erhält man die folgenden Normalörter der Tabelle 8 (die Zeitgrenzen und die für die Ausgleichung benutzten Zeiten sind dieselben).

Tabelle 8.

Nr.	Zeit	Gewicht	$\cos \delta \, \Delta \alpha$	$\Delta \delta$
III	Aug. 11.0	19	$-0.''70$	$-1.''49$
IV	Aug. 14.0	19	-1.81	-2.03
V	Aug. 19.5	14	-2.54	-5.24
VI	Aug. 24.0	15	-3.93	-4.60
VII	Aug. 27.0	9	-5.09	-2.73
VIII	Sep. 1.0	9	-5.73	$+1.28$
IX	Sep. 6.5	12	-4.11	$+2.95$
X	Sep. 10.0	5	-3.61	$+1.96$
XI	Sep. 16.0	6	-3.03	$+1.45$
XII	Sep. 22.0	13	-2.30	$+0.53$
XIII	Sep. 29.0	8	-2.48	-1.82
XIV	Okt. 5.0	3	-3.03	-0.52

Aus diesen Normalörtern folgen dann die Fehlergleichungen der Tabelle IV am Schluß dieser Arbeit.

Löst man diese über die Normalgleichungen auf, so ergeben sich folgende Korrektionen der Elemente

$$\Delta \Omega' = -10\overset{''}{.}25 \qquad \Delta T = + \ 0\overset{d}{.}007742$$
$$\Delta i' = -17\overset{''}{.}33 \qquad \Delta q = - \ 6\overset{''}{.}22$$
$$\Delta \omega' = +16\overset{''}{.}07 \qquad \Delta \tfrac{1}{a} = +119\overset{''}{.}71$$

Die darauf folgenden Elemente und die übrigbleibenden Fehler sind ebenfalls in den Tabellen V und VI am Schluß angeführt. Durch diese Ausgleichung sinkt die Fehlerquadratsumme von 2459 auf 70, der mittlere Fehler der Gewichtseinheit ist daher $\varepsilon = \sqrt{\dfrac{70}{24-6}} = 1\overset{''}{.}97$. Dieser Fehler ist etwas kleiner als der vorhergehende bei Benutzung aller Beobachtungen[6].

Weiters wurde untersucht, welche Ergebnisse erhalten werden, wenn man die ersten (Bloemfontein) und die letzten Normalörter doch noch mitnimmt.

So wurden zu den Fehlergleichungen der Tabelle IV am Schluß noch die Gleichungen für die Normalörter I, II, XV, XVI, XVII der Tabelle III hinzugefügt. Um aber den hinzugefügten Gleichungen kein ungebührlich hohes Gewicht zuzuteilen, weil in den Normalörtern III bis XIV jede verwendete Beobachtung nur mit dem Gewicht 1 einging, war es notwendig, die hinzugefügten Gleichungen mit einem geeigneten Faktor zu multiplizieren. Als solcher wurde $\dfrac{1}{\sqrt{8}}$ festgesetzt, entsprechend der Festsetzung, daß sämtliche in diese Normalörter eingehenden Beobachtungen das Gewicht $\dfrac{1}{4}$ erhielten. Dies ist durchaus angebracht, da es sich einerseits um Überwachungsaufnahmen handelt, andererseits um Beobachtungen zu einer Zeit, wo der Komet schon sehr schwach war.

---

[6] Man darf hiebei nicht übersehen, daß bei diesem Gleichungssystem die Gewichtseinheit anders definiert wurde, indem hier jede Beobachtung das Gewicht 1 erhielt, während bei der früheren Ausgleichung derartige Beobachtungen das Gewicht 5—15 erhielten. Dementsprechend muß auch der mittlere Fehler der Gewichtseinheit proportional der Wurzel einer solchen Zahl sein, ohne daß dies als Zeichen für die Güte einer Darstellung gewertet werden darf.

Läßt man in dieser Weise die Normalörter I—XIV gelten, so ergeben sich als Korrektionen

$$\Delta \Omega' = -10{.}''93 \qquad \Delta T = + 0{.}^d008007$$
$$\Delta i' = -18{.}''15 \qquad \Delta q = - 6{.}''60$$
$$\Delta \omega' = +16{.}''30 \qquad \Delta \tfrac{1}{a} = +125{.}''52$$

Die daraus folgenden Elemente und die übrigbleibenden Fehler sind wieder in den Tabellen V und VI zu finden. Die Fehlerquadratsumme sinkt hier von 2484 auf 87, der mittlere Fehler der Gewichtseinheit beträgt also $\varepsilon = \sqrt{\dfrac{87}{28-6}} = 1{.}''99$. Es zeigt sich also auch hier wieder, ob man Normalort I und II einbezieht oder nicht, hat auch hier kaum einen Einfluß.

Benutzt man hingegen alle Normalörter I—XVII, so lauten die Korrektionen

$$\Delta \Omega' = + 3{.}''06 \qquad \Delta T = + 0{.}^d002479$$
$$\Delta i' = - 1{.}''13 \qquad \Delta q = + 1{.}''14$$
$$\Delta \omega' = +10{.}''33 \qquad \Delta \tfrac{1}{a} = + 13{.}''78$$

Die daraus folgenden Elemente und die zugehörigen Restfehler sind wieder in den Tabellen V und VI zu finden. Die Fehlerquadratsumme sinkt hiebei von 2573 auf 260, der mittlere Fehler der Gewichtseinheit ist also $\varepsilon = \sqrt{\dfrac{260}{34-6}} = 3{.}''05$, also wieder beträchtlich mehr, als der inneren Ungenauigkeit der Beobachtungen entspricht, und etwa von derselben Größe wie bei der Mitnahme aller Beobachtungen.

Abschließende Betrachtungen

Fragt man nun nach der mutmaßlichen Ursache der Abweichungen der Bahnen, so dürfte die Annahme gerechtfertigt sein, daß wohl meistens der Kern richtig pointiert wurde, aber am Schluß der Kern nicht mehr zu sehen war und deshalb nur die Mitte der Koma aufgefaßt wurde.

Danach dürften die Bahnen mehr Vertrauen verdienen, die die Normalörter XV—XVII nicht benutzen. Die Abweichung dieser Normalörter XV—XVII von der berechneten Bahn (siehe Tabelle VI am Schluß) ist jedenfalls mit obiger Annahme zu vereinbaren, wenn man den Positionswinkel des Schweifs beachtet, den insbesondere van Biesbroeck angegeben hat. Übrigens zeigt auch schon der Normalort XIV eine derartige Abweichung, besonders der, bei dem zur Mitteilung auch die geringerwertigen Beobachtungen mitbenutzt wurden.

Da die Beobachtungen von Bloemfontein den übrigen sichtlich nicht widersprechen, wird man wohl am besten sich auf eine Bahn einigen, die die Normalörter I—XIV als Grundlage nimmt. Nachdem die mittleren Fehler kleiner werden, wenn man nur die besten Beobachtungen anerkennt, wird man dieser den Vorzug geben, also der 5. Bahn in Tabelle V am Schluß.

Bemerkenswert ist übrigens auch, daß trotz Ausgleichung die meisten $\Delta \alpha$ negatives Zeichen haben, was vielleicht auch von ähnlichen Unregelmäßigkeiten herrühren mag. Weiters zeigen die späteren Beobachtungen von Heidelberg meist eine negative Abweichung von der endgültigen Bahn in α. Es ist aber schwer, dem durch eine systematische Korrektion Rechnung zu tragen, da allen solchen eine Willkürlichkeit anhaftet.

Man mag auch noch fragen, ob es möglich ist, daß dieser Komet einem großen Planeten nahekommen kann. In dieser Erscheinung kam er Jupiter nach dem Periheldurchgang auf 2 A. E. nahe, Saturn überhaupt nicht, so daß keine wirklich großen Störungen zu erwarten sind. Der Jupiterbahn kam er überhaupt auf 1 A. E., der Saturnbahn auf 0.5 A. E. nahe. So ist es also möglich, daß er in früheren Erscheinungen durch Saturn erheblich gestört wurde. Genaueres kann man infolge der Unsicherheit der Umlaufzeit darüber nicht sagen, selbst wenn man sich der Mühe unterziehen würde, die Störungen so lange zurückzurechnen.

Nachtrag bei der Korrektur

In einer inzwischen erschienenen Arbeit von S. Hamid und F. L. Whipple[7] wurde bei einer Reihe von Kometen, für die definitive Bahnbestimmungen ausführlicher publiziert vorlagen, bei den Fehlergleichungen noch ein Glied hinzugefügt, das eine Änderung der Anziehungskonstante k bedeutet. Solches ist möglich, wenn

---

[7] Salah El Din Hamid und Fred L. Whipple, On the motion of 64 long-period comets. A. J. 58, 100 (1953).

man annimmt, daß der Komet außer der Gravitationskraft noch einer Repulsivkraft (etwa dem Lichtdruck) unterliegt.

Da bei dem Kometen 1932 V die Normalörter nicht besonders gut dargestellt wurden, wurde deshalb auch hier versucht, in die Fehlergleichungen die Größe $\frac{\Delta k}{k}$ aufzunehmen. Es zeigte sich, daß dieses entschieden positiv mit etwa dem dreifachen mittleren Fehler herauskommt. Eine Repulsivkraft kann aber nur ein negatives $\frac{\Delta k}{k}$ liefern, hingegen ruft ein nebliger Kern leicht ein positives $\frac{\Delta k}{k}$ hervor, wie in obiger Arbeit S. 104 ausgeführt wird. So dürfte also tatsächlich die neblige Koma die Ursache der schlechten Übereinstimmung sein und nicht etwa eine Repulsivkraft.

Wenn die letzten Normalörter weggelassen werden, so sinkt durch das Hinzufügen von $\frac{\Delta k}{k}$ die Fehlerquadratsumme und damit der mittlere Fehler der Gewichtseinheit etwa auf den Betrag, der bei der Gewichtsfestsetzung angenommen wurde. Hingegen gilt dies nicht bei der Mitnahme aller Normalörter.

Im einzelnen lauten die Ergebnisse:

Bei Benutzung aller Beobachtungen mit Gewichten nach Tabelle 5

	ε ohne Δk	ε mit Δk	$\frac{\Delta k}{k}$ in 10^{-4}
I—XVII	9˝26	8˝22	$+ 1.14 \pm 0.39$
I—XIV	7˝26	5˝57	$+ 1.93 \pm 0.48$
III—XIV	7˝52	5˝46	$+ 2.19 \pm 0.53$

Bei Benutzung bloß der besten Beobachtungen nach Tabelle 7

	ε ohne Δk	ε mit Δk	$\frac{\Delta k}{k}$ in 10^{-4}
I—XVII	3˝05	2˝74	$+ 1.11 \pm 0.41$
I—XIV	1˝99	1˝75	$+ 1.35 \pm 0.49$
III—XIV	1˝97	1˝68	$+ 1.62 \pm 0.57$

Definitive Bahnbestimmung des Kometen 1932 V (Peltier-Whipple)

Tabelle I. Ephemeride.

t	α	δ	$\log \rho$
Juli 13.14468	2^h 24" 16.83	$-$ 8° 24' 55.8	0.0157
23.15374	2 36 9.33	$+$ 2 8 1.5	9.9231
Aug. 2.0	2 50 47.37	$+$ 17 52 20.7	9.8275
3.0	2 52 36.31	$+$ 19 52 1.9	9.8185
4.0	2 54 30.76	$+$ 21 56 29.9	9.8098
5.0	2 56 31.42	$+$ 24 5 44.2	9.8014
6.0	2 58 39.08	$+$ 26 19 41.2	9.7935
7.0	3 0 54.69	$+$ 28 38 13.6	9.7860
8.0	3 3 19.33	$+$ 31 1 9.7	9.7791
9.0	3 5 54.27	$+$ 33 28 13.4	9.7728
10.0	3 8 41.01	$+$ 35 59 3.4	9.7672
11.0	3 11 41.31	$+$ 38 33 13.5	9.7623
12.0	3 14 57.29	$+$ 41 10 12.7	9.7582
13.0	3 18 31.46	$+$ 43 49 25.1	9.7550
14.0	3 22 26.88	$+$ 46 30 10.2	9.7526
15.0	3 26 47.27	$+$ 49 11 43.8	9.7511
16.0	3 31 37.16	$+$ 51 53 18.4	9.7506
17.0	3 37 2.19	$+$ 54 34 3.9	9.7509
18.0	3 43 9.42	$+$ 57 13 8.2	9.7522
19.0	3 50 7.70	$+$ 59 49 38.0	9.7544
19.5	3 53 59.43	$+$ 61 6 37.9	9.7559
20.0	3 58 8.38	$+$ 62 22 38.4	9.7575
20.5	4 2 36.50	$+$ 63 37 32.4	9.7593
21.0	4 7 25.97	$+$ 64 51 12.7	9.7614
21.5	4 12 39.25	$+$ 66 3 31.5	9.7636
22.0	4 18 19.17	$+$ 67 14 21.0	9.7661
22.5	4 24 28.95	$+$ 68 23 32.9	9.7687
23.0	4 31 12.22	$+$ 69 30 58.4	9.7714
23.5	4 38 33.13	$+$ 70 36 27.8	9.7744
24.0	4 46 36.30	$+$ 71 39 50.9	9.7775
24.5	4 55 26.90	$+$ 72 40 56.2	9.7807
25.0	5 5 10.65	$+$ 73 39 30.9	9.7841
25.5	5 15 53.70	$+$ 74 35 20.8	9.7876
26.0	5 27 42.53	$+$ 75 28 10.1	9.7913
26.5	5 40 43.61	$+$ 76 17 40.8	9.7950
27.0	5 55 2.96	$+$ 77 3 33.2	9.7989
27.5	6 10 45.51	$+$ 77 45 25.8	9.8029
28.0	6 27 54.02	$+$ 78 22 55.8	9.8069
28.5	6 46 28.06	$+$ 78 55 39.9	9.8111

31*

t	α	δ	log ρ
Aug. 29.0	7ʰ 6ᵐ 22ˢ.64	+ 79° 23′ 16″.0	9.8153
29.5	7 27 27.30	+ 79 45 24.8	9.8196
30.0	7 49 26.08	+ 80 1 52.2	9.8239
30.5	8 11 57.11	+ 80 12 32.2	9.8283
31.0	8 34 35.53	+ 80 17 27.4	9.8328
31.5	8 56 55.53	+ 80 16 50.1	9.8373
Sep. 1.0	9 18 33.29	+ 80 11 1.5	9.8418
1.5	9 39 9.42	+ 80 0 29.9	9.8464
2.0	9 58 30.17	+ 79 45 47.7	9.8510
2.5	10 16 27.54	+ 79 27 29.0	9.8556
3.0	10 32 58.66	+ 79 6 7.4	9.8602
3.5	10 48 4.63	+ 78 42 14.2	9.8649
4.0	11 1 49.27	+ 78 16 18.0	9.8695
4.5	11 14 18.07	+ 77 48 43.8	9.8742
5.0	11 25 37.32	+ 77 19 52.9	9.8789
5.5	11 35 53.53	+ 76 50 3.8	9.8835
6.0	11 45 13.09	+ 76 19 31.7	9.8882
6.5	11 53 41.94	+ 75 48 29.5	9.8928
7.0	12 1 25.58	+ 75 17 7.8	9.8975
7.5	12 8 28.97	+ 74 45 35.3	9.9021
8.0	12 14 56.52	+ 74 13 59.4	9.9067
8.5	12 20 52.13	+ 73 42 25.9	9.9113
9.0	12 26 19.25	+ 73 10 59.8	9.9158
9.5	12 31 20.94	+ 72 39 45.0	9.9204
10.0	12 35 59.85	+ 72 8 44.7	9.9249
10.5	12 40 18.34	+ 71 38 1.6	9.9294
11.0	12 44 18.45	+ 71 7 37.8	9.9339
11.5	12 48 2.03	+ 70 37 34.9	9.9383
12.0	12 51 30.67	+ 70 7 54.4	9.9427
13.0	12 57 48.63	+ 69 9 44.1	9.9515
14.0	13 3 21.86	+ 68 13 12.5	9.9601
15.0	13 8 17.87	+ 67 18 22.3	9.9685
16.0	13 12 42.65	+ 66 25 14.2	9.9768
17.0	13 16 41.04	+ 65 33 47.8	9.9850
18.0	13 20 16.95	+ 64 44 1.4	9.9930
19.0	13 23 33.58	+ 63 55 52.9	0.0009
20.0	13 26 33.59	+ 63 9 19.8	0.0086
21.0	13 29 19.17	+ 62 24 19.3	0.0161
22.0	13 31 52.16	+ 61 40 48.3	0.0235
23.0	13 34 14.13	+ 60 58 43.8	0.0308
24.0	13 36 26.38	+ 60 18 2.9	0.0379
25.0	13 38 30.04	+ 59 38 42.4	0.0448

Definitive Bahnbestimmung des Kometen 1932 V (Peltier-Whipple)   475

t	α	δ	$\log \rho$
Sep. 26.0	13ʰ 40ᵐ 26ˢ.07	+ 59° 0′ 39″.6	0.0516
27.0	13 42 15.30	+ 58 23 51.5	0.0582
28.0	13 43 58.44	+ 57 48 15.3	0.0647
29.0	13 45 36.11	+ 57 13 48.6	0.0710
30.0	13 47 8.84	+ 56 40 28.9	0.0772
Okt. 1.0	13 48 37.11	+ 56 8 13.6	0.0832
2.0	13 50 1.33	+ 55 37 0.6	0.0891
3.0	13 51 21.87	+ 55 6 47.7	0.0949
4.0	13 52 39.03	+ 54 37 32.6	0.1005
5.0	13 53 53.11	+ 54 9 13.5	0.1060
6.0	13 55 4.36	+ 53 41 48.4	0.1113
7.0	13 56 13.01	+ 53 15 15.5	0.1165
8.0	13 57 19.26	+ 52 49 33.1	0.1216
9.0	13 58 23.30	+ 52 24 39.5	0.1266
11.0	14 0 25.38	+ 51 37 12.5	0.1361
13.0	14 2 20.39	+ 50 52 43.5	0.1452
15.0	14 4 9.26	+ 50 11 2.3	0.1538
17.0	14 5 52.76	+ 49 32 0.0	0.1620
19.0	14 7 31.49	+ 48 55 29.0	0.1697
21.0	14 9 5.94	+ 48 21 22.3	0.1770
23.0	14 10 36.52	+ 47 49 34.0	0.1840
25.0	14 12 3.51	+ 47 19 58.8	0.1905
27.0	14 13 27.15	+ 46 52 32.1	0.1967
29.0	14 14 47.58	+ 46 27 9.9	0.2025
31.0	14 16 4.90	+ 46 3 48.6	0.2080
Nov. 2.0	14 17 19.15	+ 45 42 24.6	0.2132
4.0	14 18 30.34	+ 45 22 54.6	0.2180
6.0	14 19 38.49	+ 45 5 15.6	0.2226
8.0	14 20 43.58	+ 44 49 24.7	0.2268
10.0	14 21 45.60	+ 44 35 19.6	0.2308
12.0	14 22 44.50	+ 44 22 58.1	0.2345
14.0	14 23 40.23	+ 44 12 18.3	0.2379
16.0	14 24 32.70	+ 44 3 18.7	0.2411
18.0	14 25 21.81	+ 43 55 58.2	0.2440
20.0	14 26 7.44	+ 43 50 15.6	0.2467
22.0	14 26 49.41	+ 43 46 10.1	0.2491
24.0	14 27 27.55	+ 43 43 41.0	0.2514
26.0	14 28 1.64	+ 43 42 47.9	0.2534
28.0	14 28 31.43	+ 43 43 29.9	0.2553
30.0	14 28 56.64	+ 43 45 46.4	0.2569
Dez. 2.0	14 29 17.01	+ 43 49 36.3	0.2584
4.0	14 29 32.24	+ 43 54 58.8	0.2597

Tabelle II. Vergleich der Beobachtungen mit der Rechnung.

1932		$\cos \delta \, \Delta \alpha$	$\Delta \delta$
Juli 13.14468	Bloemfontein	— 1.″8	+ 4.″6
Juli 23.15374	Bloemfontein	+ 7.8	+ 3.3
Aug. 6.3219	Harvard	+ 1.6	+ 5.7
10.21468	Harvard	+ 0.8	+ 2.2
10.30464	Washington*	— 1.0	— 2.0
10.33777	Yerkes (ph)	+ 4.9	— 1.2
10.39518	Lick (K)*	— 2.5	— 3.9
10.42479	Lick (K)*	— 3.5	— 0.5
10.93931	Heidelberg (Mü)*	— 1.1	— 0.7
10.94389	Posen (A)	+ 1.6	+ 3.1
10.96382	Kopenhagen	+ 0.1	+ 0.7
10.97148	Athen (A)*	+ 0.8	— 0.3
10.99154	Babelsberg (GΣ)*	— 4.1	— 3.5
10.99432	Besançon	+ 3.5	— 2.1
10.99854	Posen (W)	(+ 1.2)	(+ 2.6)
11.00587	Athen (A)*	+ 3.6	— 1.9
11.01224	Besançon	+ 2.3	— 0.3
11.01557	Heidelberg (Mü)*	— 0.9	— 1.1
11.04225	Babelsberg (Si)*	— 3.6	— 0.9
11.04338	Göttingen	+ 0.1	+ 3.1
11.05774	Babelsberg (GΣ)*	— 3.4	— 0.5
11.09722	Turin	(— 73.6)	(— 0.7)
11.24569	Yerkes (v)*	— 0.2	— 1.1
11.37531	Lick (K)*	— 2.7	0.0
11.85831	Posen (W)	(— 0.2)	(— 5.2)
11.93794	Frankfurt	(+ 2.6)	(+ 8.3)
11.94115	Kopenhagen	+ 0.3	— 2.1
11.94398	Heidelberg (Mü)*	— 0.2	— 3.7
11.94939	Kopenhagen	— 1.7	— 1.4
11.95943	Athen (A)*	+ 1.9	— 2.8
11.98778	Norwood	(— 13.9)	(+ 3.8)
12.00690	Babelsberg (GΣ)*	— 1.6	— 2.6
12.01538	Athen (A)*	+ 4.3	— 3.1
12.02847	Barcelona	(— 1.3)	(+ 15.8)
12.04820	Helwan	— 1.5	+ 1.6
12.05851	Besançon	+ 2.8	— 0.7
12.06675	Lemberg	+ 17.1	+ 7.5
12.06675	Lemberg	+ 10.8	+ 0.4

Definitive Bahnbestimmung des Kometen 1932 V (Peltier-Whipple)   477

1932		$\cos\delta\,\Delta\alpha$	$\Delta\delta$
Aug. 12.07876	Besançon	+ 4.7	— 0.2
12.24523	Ann Arbor (ML)*	— 1.0	— 0.2
12.28949	Yerkes (ph)	— 1.0	+ 0.8
12.32066	Ann Arbor (ML)*	— 0.3	+ 1.4
12.39974	Ann Arbor (ML)*	+ 0.6	— 4.0
Aug. 12.90637	Posen (A)	— 0.5	— 5.3
12.93855	Breslau (v)	+ 6.6	— 2.7
12.94556	Athen (P)	+ 3.6	— 6.3
12.95362	Heidelberg (Mü)*	— 0.2	+ 0.8
12.97309	Norwood	(— 12.5)	(+ 18.8)
13.00016	Athen (P)	+ 1.2	— 1.7
13.00840	Helwan	— 0.4	+ 3.3
13.03750	Turin	(+ 12.9)	(+ 9.5)
13.07200	Besançon	+ 5.4	+ 0.9
13.32149	Ann Arbor (ML)*	— 1.4	— 1.2
13.37521	Ann Arbor (ML)*	— 1.5	— 0.1
13.40488	Ann Arbor (ML)*	— 0.7	— 2.0
13.92449	Athen (A)*	+ 2.3	— 2.3
13.92822	Lemberg	+ 3.4	— 2.5
13.94078	Breslau (ph)	+ 2.3	— 3.1
13.98548	Norwood	(— 17.7)	(— 5.2)
14.10903	Ondřejov	(— 0.3)	(— 11.5)
14.25332	Washington*	— 2.3	— 3.1
14.28998	Ann Arbor (ML)*	— 2.7	— 0.6
14.30894	Ann Arbor (ML)*	— 2.4	+ 0.7
14.34576	Ann Arbor (ML)*	— 1.4	— 4.0
14.35550	Lick (J)*	— 0.7	— 3.6
14.36734	Yerkes (v)*	— 1.3	— 3.1
14.38816	Ann Arbor (ML)*	— 2.5	— 2.5
14.39701	Lick (J)*	— 1.4	— 2.9
14.87929	Lemberg	+ 7.9	— 0.1
14.87929	Lemberg	+ 0.9	— 1.8
14.87929	Lemberg	+ 5.7	— 1.2
14.90465	Babelsberg (GΣ)*	— 3.8	— 2.1
14.92359	Babelsberg (Si)*	— 2.8	— 3.0
14.93616	Babelsberg (GΣ)*	— 4.2	— 5.3
15.00903	Ondřejov	(+ 222.2)	(— 78.2)
15.02669	Posen (A)	— 1.7	— 1.5
15.33450	Ann Arbor (ML)*	— 3.3	— 1.5
15.40631	Ann Arbor (ML)*	— 3.7	— 2.5

1932		cos δ Δα	Δδ
Aug. 15.93113	Lemberg	+ 2.″6	— 0.″8
16.01166	Heidelberg (Mü)*	— 1.8	— 3.9
16.92992	Lemberg	+ 2.2	— 5.5
16.92992	Lemberg	— 1.5	— 7.4
Aug. 17.90318	Breslau (v)	+ 1.8	— 2.2
17.91713	Heidelberg (Mü)*	— 2.9	— 4.9
17.93037	Athen (A)*	— 1.7	— 5.2
17.93421	Babelsberg (GΣ)*	— 2.7	— 4.4
17.94768	Athen (A)*	— 2.4	— 5.2
17.96528	Posen (A)	— 2.9	— 0.6
18.08274	Warschau (Kow)	(+ 7.9)	—
18.81347	Athen (P)	(+ 15.1)	(— 12.8)
18.88854	Lemberg	+ 11.8	— 2.0
18.88854	Lemberg	+ 12.2	— 0.5
18.94956	Heidelberg (Mü)*	— 1.7	— 5.6
19.22028	Yerkes (v)*	— 3.1	— 4.4
19.81220	Kiew	+ 1.3	— 10.7
19.83583	Athen (P)	+ 0.8	— 7.3
19.86922	Lemberg	+ 0.2	— 4.3
19.87676	Athen (P)	+ 2.5	— 7.3
19.88938	Heidelberg (Mü)*	— 2.4	— 2.9
19.89670	Breslau (v)	+ 2.6	— 4.0
19.93135	Wilno (S)	— 9.1	(— 32.4)
19.95957	Warschau (O)	(+ 4.8)	(+ 0.9)
19.97302	Wilno (I)	(— 0.9)	(— 5.4)
19.98170	Babelsberg (GΣ)*	— 1.8	— 7.1
19.98506	Posen (A)	— 1.5	— 2.0
19.99481	Wien*	— 4.3	— 2.4
20.00619	Babelsberg (Si)*	— 2.6	— 2.8
20.06653	Warschau (Kow)	(— 5.7)	—
20.22227	Flower Obs.	— 3.9	— 9.5
20.32907	Ann Arbor (J)	— 0.7	— 2.3
20.79800	Kiew	— 9.0	— 5.9
20.79800	Kiew	— 8.0	— 3.9
20.82311	Lemberg	+ 5.1	— 5.5
20.82311	Lemberg	+ 4.4	— 6.2
20.82575	Kiew	— 3.1	— 6.6
20.82575	Kiew	— 2.9	— 4.6
20.86084	Athen (A)*	— 0.6	— 9.1
20.88068	Breslau (v)	+ 2.2	— 1.8

Definitive Bahnbestimmung des Kometen 1932 V (Peltier-Whipple) 479

1932		$\cos \delta \, \Delta \alpha$	$\Delta \delta$
Aug. 20.92726	Athen (A)*	— 4.″3	— 8.″7
20.94725	Wien*	— 2.6	— 5.2
20.97388	Posen (A)	— 3.4	— 3.2
20.99480	Wilno (I)	(— 8.2)	(— 8.9)
21.00962	Wilno (S)	— 6.6	— 10.3
21.18673	Washington*	— 2.6	— 5.6
Aug. 21.74206	Taschkent*	+ 0.3	— 9.0
21.79905	Kiew	(— 19.7)	— 7.5
21.82266	Lemberg	+ 1.3	— 2.1
21.82266	Lemberg	+ 2.2	— 0.9
21.86514	Moskau (P)	(+ 7.8)	(+ 6.2)
21.88303	Wilno (S)	(+ 23.5)	— 9.2
21.89680	Taschkent*	— 3.5	— 0.7
21.94893	Wien*	— 3.5	— 2.7
22.00850	Pulkowo (P)	— 6.2	— 3.3
22.23565	Flower Obs.	— 3.2	— 12.7
22.68146	Taschkent*	— 5.5	— 5.6
22.78544	Kiew	+ 2.3	— 1.6
22.78544	Kiew	+ 0.4	— 4.4
22.81161	Kiew	— 0.1	— 13.1
22.81161	Kiew	+ 1.1	— 15.2
22.82518	Lemberg	+ 2.6	— 1.7
22.82518	Lemberg	+ 4.0	— 1.8
22.83703	Kiew	— 2.8	— 4.4
22.83703	Kiew	— 2.9	— 6.0
22.87028	Turin	(+ 7.1)	(— 2.8)
22.87157	Taschkent*	— 5.6	— 5.1
22.88089	Heidelberg (Mü)*	— 1.9	— 6.6
22.95000	Pulkowo (P)	— 5.4	— 6.9
23.04167	Barcelona	(— 7.2)	(— 30.9)
23.76606	Taschkent*	— 3.4	— 3.2
23.81039	Moskau (P)	(+ 11.1)	(— 3.4)
23.84706	Lemberg	(— 41.8)	(+ 33.5)
23.86034	Kiew	— 0.7	+ 1.9
24.00104	Utrecht	— 4.4	+ 1.4
24.00940	Kopenhagen	— 3.1	— 1.2
24.04531	Kopenhagen	(+ 0.2)	(+ 6.6)
24.15211	Washington*	— 4.9	— 5.7
24.81559	Taschkent*	— 2.3	— 4.5
24.82154	Moskau (B)*	— 4.6	— 4.9

1932		$\cos \delta \Delta \alpha$	$\Delta \delta$
Aug. 24.85039	Moskau (P)	(+ 8.″1)	(+ 1.″9)
24.87006	Pulkowo (P)	— 6.1	(+ 5.3)
24.88250	Moskau (K)	— 0.3	— 5.0
24.89123	Wien*	— 4.1	— 4.6
24.89458	Wilno (S)	— 5.2	— 6.1
24.90417	Pulkowo (L)	— 1.7	— 2.0
24.90625	Heidelberg (Mü)*	— 3.8	— 5.9
24.92464	Moskau (B)*	— 3.9	— 3.2
24.94483	Taschkent*	— 6.4	— 3.1
24.96465	Athen (A)	(— 15.8)	(— 27.1)
25.00137	Uccle	+ 4.3	— 2.8
25.01666	Kiew	— 0.6	— 5.1
25.03952	Posen (A)	— 5.5	— 7.7
25.04888	Kiew	— 1.6	— 3.3
25.08235	Warschau (Kow)	(— 4.7)	—
25.09677	Lalín	(— 53.3)	(— 6.3)
25.10055	Lalín	(— 11.1)	(— 6.1)
25.10460	Lalín	(+ 2.0)	(— 7.9)
25.11242	Lalín	(— 9.0)	(— 51.6)
25.16047	Washington*	— 4.9	— 4.2
Aug. 25.80190	Kiew	— 3.8	— 6.0
25.82691	Taschkent*	— 3.3	— 0.8
25.83728	Lemberg	+ 1.5	— 4.4
25.84740	Kiew	— 3.0	— 4.3
25.89654	Heidelberg (Mü)*	— 6.5	— 5.8
25.92567	Warschau (O)	(+ 3.2)	(— 0.9)
25.95547	Uccle	— 3.2	— 4.4
25.95851	Utrecht	— 7.1	— 3.6
25.95890	Posen (A)	— 3.9	+ 0.1
25.97004	Bergedorf (v)	+ 0.2	— 3.0
26.03110	Babelsberg (GΣ)*	— 4.9	— 3.7
26.10059	Leiden	— 1.0	— 2.2
26.69267	Taschkent*	— 5.0	— 4.3
26.77803	Kiew	— 5.3	— 1.9
26.81023	Moskau (P)	(— 5.4)	(— 8.3)
26.81606	Kiew	— 4.4	— 2.5
26.82122	Lemberg	+ 0.3	— 7.6
26.82122	Lemberg	+ 7.5	— 2.2
26.82122	Lemberg	+ 3.7	— 3.6
26.82694	Moskau (K)	— 4.3	— 5.1

Definitive Bahnbestimmung des Kometen 1932 V (Peltier-Whipple)

1932		$\cos \delta \, \Delta \alpha$	$\Delta \delta$
Aug. 26.88674	Pulkowo (P)	— 6.″9	—
26.88720	Moskau (B)*	— 4.9	— 2.″7
26.88732	Pulkowo (P)	—	— 5.8
26.90973	Pulkowo (L)	— 6.7	— 0.7
26.92478	Wilno (S)	+ 0.4	— 5.6
26.92766	Warschau (O)	(+ 4.4)	(— 2.8)
26.94022	Moskau (B)*	— 4.1	— 1.2
26.95288	Wilno (I)	(— 0.4)	(— 6.3)
26.95782	Posen (A)	— 3.6	+ 0.1
27.08161	Warschau (Kow)	(+ 2.3)	—
27.70688	Taschkent*	— 3.3	— 2.3
27.77162	Kiew	— 6.5	— 5.9
27.77162	Kiew	— 6.4	— 6.1
27.79884	Kiew	+ 0.6	— 3.2
27.81289	Moskau (P)	(+ 5.0)	(— 4.0)
27.89137	Pulkowo (K)	— 7.1	— 2.4
27.89166	Athen (A)*	— 6.5	— 3.2
27.90388	Lemberg	+ 6.9	— 4.8
27.90760	Pulkowo (K)	(— 0.8)	(+ 1.8)
27.90907	Wilno (S)	— 1.8	— 8.2
27.94682	Wilno (I)	(— 4.1)	(— 12.0)
27.96042	Madrid	(— 32.6)	(— 87.3)
28.01918	Lalín	(— 15.1)	(— 8.4)
28.02434	Lalín	(— 11.7)	(— 12.3)
28.02893	Lalín	(— 3.0)	(— 11.8)
28.03101	Lalín	(— 10.6)	(— 13.7)
28.04268	Leiden	— 3.2	— 1.3
28.79086	Kiew	— 1.7	— 1.5
28.79086	Kiew	— 2.2	— 1.7
28.85815	Lemberg	+ 6.7	— 3.0
28.85815	Lemberg	+ 1.5	— 5.9
28.95486	Madrid	(— 11.7)	(— 15.5)
28.99733	Lalín	(— 13.3)	(— 5.0)
29.02250	Lalín	(— 15.2)	(— 1.1)
29.04160	Athen (A)*	— 7.3	— 0.6
29.04872	Lalín	(— 15.7)	(— 7.6)
29.07537	Lalín	(— 17.8)	(— 8.5)
Aug. 29.83726	Kiew	— 2.6	— 0.6
29.85319	Taschkent*	— 6.4	+ 1.9
29.85446	Wilno (S)	— 8.0	— 3.8

1932		$\cos \delta \, \Delta \alpha$	$\Delta \delta$
Aug. 29.90641	Wilno (I)	(— 6.″6)	(— 9.″8)
29.90667	Pulkowo (L)	— 6.1	— 1.1
29.92109	Heidelberg (Mü)	(— 16.2)	— 1.2
29.92153	Wien*	— 7.0	— 1.2
29.97917	Madrid	(+ 37.2)	(+ 3.8)
30.04142	Athen (A)*	— 7.3	— 0.5
30.83746	Warschau (O)	(+ 1.5)	(— 4.3)
30.88465	Pulkowo (L)	+ 1.4	+ 0.5
31.01207	Pulkowo (P)	(— 13.6)	— 2.7
31.02002	Lalín	(— 19.4)	(— 3.5)
31.02569	Madrid	(— 4.6)	(— 21.9)
31.02944	Lalín	(— 15.2)	(— 2.8)
31.03828	Lalín	(— 18.2)	(— 4.0)
31.04242	Athen (A)*	— 6.4	+ 0.3
31.06475	Lalín	(— 8.0)	(— 5.8)
31.07301	Lalín	(— 5.9)	(— 5.5)
31.69238	Taschkent*	— 4.7	+ 1.7
31.78901	Kiew	— 4.0	+ 4.7
31.82925	Kiew	— 6.4	— 1.3
31.88008	Wilno (S)	— 16.0	— 0.8
31.89414	Heidelberg (Mü)*	— 7.7	+ 1.6
31.92397	Wilno (I)	(— 21.7)	(+ 3.0)
31.95806	Bergedorf (v)	— 3.1	— 2.6
31.98264	Madrid	(— 3.1)	(— 30.7)
Sep. 1.75476	Taschkent*	— 2.4	+ 2.8
1.77501	Kiew	— 5.3	+ 5.6
1.83242	Lemberg	(+ 18.6)	— 0.2
1.86458	Madrid	(+ 10.9)	(— 21.5)
1.87927	Wilno (S)	— 3.7	— 2.1
1.90148	Heidelberg (Mü)*	— 8.2	— 0.1
1.93176	Wilno (I)	(— 16.3)	(+ 0.5)
1.96641	Pulkowo (L)	— 4.3	— 0.9
1.99127	Lalín	(+ 2.4)	(+ 4.5)
1.99653	Madrid	(+ 23.7)	(— 28.1)
2.00768	Lalín	(— 64.9)	(— 3.0)
2.02438	Lalín	(— 0.7)	(— 40.6)
2.05699	Barcelona	(+ 3.6)	(+ 16.3)
2.06171	Lalín	(— 14.2)	(+ 7.5)
2.76312	Kiew	— 3.0	+ 3.0
2.79508	Kiew	— 3.7	+ 4.6

Definitive Bahnbestimmung des Kometen 1932 V (Peltier-Whipple) 483

1932			$\cos \delta \, \Delta \alpha$	$\Delta \delta$
Sep.	2.85613	Wilno (S)	— 16.″4	+ 1.″1
	2.85826	Pulkowo (L)	— 2.1	+ 2.4
	2.86285	Madrid	(+ 0.9)	(— 6.6)
	2.89897	Wilno (I)	(— 20.9)	(— 0.4)
	2.92394	Pulkowo (K)	— 5.7	+ 1.0
	2.94420	Pulkowo (K)	— 5.8	+ 1.3
	2.97931	Taschkent*	— 1.5	+ 2.0
Sep.	3.79027	Taschkent	— 4.4	— 7.4
	3.83091	Lemberg	— 8.9	— 6.7
	3.93889	Madrid	(+ 27.8)	(— 28.5)
	3.94139	Warschau (O)	(+ 6.5)	(— 11.0)
	4.02692	Warschau (Kow)	(— 5.8)	—
	4.31480	Lick (J)*	— 3.8	+ 1.5
	4.78449	Kiew	— 2.4	— 0.8
	4.78449	Kiew	— 2.6	— 3.8
	4.82785	Kiew	— 4.9	+ 1.1
	4.87916	Wilno (S)	+ 0.1	+ 0.8
	4.88051	Moskau (B)*	— 2.6	+ 3.3
	4.90623	Wilno (I)	(+ 1.1)	(— 5.0)
	4.94097	Madrid	(— 2.4)	(— 16.4)
	4.96740	Babelsberg (GΣ)*	— 3.4	+ 6.6
	5.84847	Taschkent*	— 3.0	+ 1.5
	5.88554	Heidelberg (Mü)*	— 6.0	+ 1.9
	5.89861	Wilno (S)	— 7.2	+ 2.6
	5.92273	Pulkowo (L)	+ 1.0	+ 2.7
	5.93101	Pulkowo (P)	—	(+ 5.1)
	5.93260	Pulkowo (P)	(+ 100.0)	—
	5.94653	Madrid	(+ 6.1)	(— 5.0)
	5.97606	Pulkowo (L)	— 0.7	+ 3.6
	6.02916	Warschau (O)	(+ 1.3)	(+ 0.7)
	6.85961	Lalín	(— 10.5)	(— 2.3)
	6.86804	Wien*	— 4.5	+ 2.7
	6.87366	Lalín	(— 12.8)	(— 1.7)
	6.88833	Lalín	(— 5.9)	(+ 4.3)
	6.89318	Wilno (S)	— 2.4	+ 2.8
	6.90064	Heidelberg (Mü)*	— 6.1	+ 2.3
	6.90194	Lalín	(— 13.7)	(— 0.7)
	6.90947	Wilno (I)	(— 6.8)	(— 2.2)
	6.93671	Taschkent*	— 3.5	+ 1.8
	6.93750	Madrid	(+ 1.6)	(— 6.7)

1932			$\cos\delta\,\Delta\alpha$	$\Delta\delta$
Sep.	6.95025	Warschau (O)	(— 0.″7)	(— 3.″9)
	6.99308	Barcelona	(— 8.2)	(+ 2.3)
	7.76295	Kiew	— 1.8	— 2.5
	7.76295	Kiew	— 3.3	— 0.7
	7.81065	Kiew	— 1.2	+ 4.6
	7.85452	Wien*	— 5.6	+ 1.6
	7.86880	Lemberg	— 3.4	— 1.0
	7.91079	Wien*	— 2.8	+ 3.0
	7.91933	Lalín	(— 2.2)	(— 7.7)
	7.92812	Madrid	(— 4.2)	(— 17.8)
	7.95661	Taschkent*	— 3.7	+ 5.6
	7.97933	Taschkent*	— 4.3	+ 3.6
	8.07828	Ann Arbor (J)	— 0.6	— 2.3
Sep.	8.76941	Kiew	— 12.9	+ 7.5
	8.80520	Kiew	— 7.2	+ 0.6
	8.82196	Lemberg	+ 4.2	— 2.6
	8.87932	Moskau (K)	+ 3.3	+ 6.2
	8.89201	Wien*	— 3.7	+ 2.0
	8.89914	Heidelberg (Mü)*	— 7.7	— 1.8
	8.97174	Warschau (Kep)	— 5.2	+ 0.5
	8.98271	Athen (A)*	— 2.6	+ 4.2
	9.02389	Warschau (Kow)	— 8.1	+ 4.9
	9.06971	Warschau (Kep)	— 6.9	— 1.0
	9.74568	Kiew	— 5.9	+ 2.7
	9.81412	Lemberg	+ 5.2	— 1.5
	9.88709	Wien*	— 3.5	+ 3.2
	9.89869	Warschau (Kep)	— 4.4	— 2.6
	9.90056	Kopenhagen	— 5.4	— 0.8
	9.90111	Wilno (S)	— 7.3	+ 5.5
	9.92575	Kopenhagen	— 9.5	+ 3.5
	9.92836	Wilno (I)	(— 17.8)	(— 1.9)
	9.95312	Madrid	(+ 25.0)	(— 35.5)
	9.96020	Warschau (Kow)	— 8.6	— 0.5
	10.79014	Kiew	— 8.0	+ 2.5
	10.79517	Athen (A)	— 4.3	— 3.2
	10.82292	Wilno (S)	— 1.7	+ 4.3
	10.85630	Lalín	(+ 2.6)	(+ 59.4)
	10.85764	Moskau (K)	+ 1.4	+ 2.6
	10.87338	Wilno (I)	(— 14.4)	(— 7.7)
	10.90157	Warschau (Kep)	— 6.0	— 4.5

Definitive Bahnbestimmung des Kometen 1932 V (Peltier-Whipple)

1932		$\cos \delta \Delta \alpha$	$\Delta \delta$
Sep. 10.96307	Warschau (Kow)	— 12.″1	+ 0.″7
11.04543	Pulkowo (L)	— 6.2	+ 4.2
11.69521	Taschkent*	— 0.9	+ 2.2
11.78730	Kiew	— 3.8	+ 0.4
11.81944	Moskau (K)	— 0.2	+ 6.2
11.92500	Madrid	(— 2.2)	(— 2.6)
12.77962	Kiew	— 0.3	+ 2.3
12.84903	Wilno (S)	+ 0.5	— 4.5
12.86485	Lalín	(— 2.7)	(— 0.5)
12.86667	Madrid	(— 3.8)	(— 3.1)
12.88907	Lalín	(— 5.7)	(+ 3.1)
12.91247	Lalín	(+ 2.4)	(+ 2.8)
Sep. 13.78183	Kiew	+ 0.3	— 2.2
13.86250	Madrid	(+ 15.1)	(— 10.7)
13.88654	Lalín	(— 7.4)	(— 4.7)
13.95407	Lalín	(— 4.3)	(— 8.2)
14.85737	Wilno (S)	— 8.9	+ 3.9
14.87553	Lalín	(+ 1.4)	(— 9.3)
14.87616	Heidelberg (Mü)*	— 6.7	+ 1.1
14.88021	Madrid	(— 6.7)	(— 3.1)
14.89082	Warschau (Kep)	— 5.4	+ 4.0
14.89406	Lalín	(+ 2.0)	(— 2.3)
14.89622	Wilno (I)	(— 16.2)	(— 3.8)
14.89763	Wien*	— 2.3	+ 1.5
14.89763	Wien*	— 2.3	+ 2.1
14.91220	Lalín	(+ 1.0)	(— 1.7)
14.93083	Lalín	(— 0.9)	(— 0.6)
14.96193	Warschau (Kow)	— 12.3	+ 1.3
15.04939	Yerkes (ph)	+ 1.5	+ 3.9
15.81894	Kiew	— 10.0	+ 3.6
15.83331	Warschau (Kep)	— 0.5	+ 3.9
15.85963	Wien*	— 1.0	+ 1.7
15.90348	Warschau (Kow)	— 10.2	+ 5.5
16.81898	Wien*	— 3.8	+ 1.9
16.82719	Warschau (Kep)	+ 1.6	— 3.2
16.83889	Madrid	(— 13.3)	(+ 1.6)
16.85846	Athen (A)	— 8.8	— 0.6
16.90098	Wien*	— 1.5	+ 1.8
16.92292	Köln	(+ 10.2)	(+ 17.6)
16.92368	Warschau (Kow)	— 7.7	+ 2.8

1932		$\cos\delta\,\Delta\alpha$	$\Delta\delta$
Sep. 17.80390	Warschau (Kep)	+ 1.″5	+ 1.″0
17.85454	Athen (A)	— 5.2	+ 0.9
17.91206	Pulkowo (P)	— 1.3	+ 2.1
18.68369	Taschkent*	— 2.7	+ 0.1
18.74205	Kiew	(— 13.0)	+ 3.3
18.78207	Kiew	— 6.7	+ 9.0
18.86736	Madrid	(+ 3.5)	(— 13.2)
Sep. 19.75786	Kiew	— 7.4	+ 4.9
19.82820	Wien*	— 3.4	+ 1.0
19.84020	Athen (A)	— 2.0	— 1.3
19.84442	Heidelberg (Mü)*	— 3.2	+ 1.1
19.85393	Lalín	(— 17.6)	(+ 8.2)
20.07754	Yerkes (v)*	— 1.1	+ 2.4
20.73749	Taschkent*	— 1.7	— 0.7
20.78051	Kiew	— 1.1	+ 2.4
20.78051	Kiew	— 2.6	+ 3.2
20.91082	Athen (A)	+ 1.8	— 0.1
21.70090	Taschkent*	+ 2.0	— 2.1
21.73898	Kiew	— 2.3	+ 0.7
21.78493	Kiew	— 1.1	+ 1.5
21.78493	Kiew	+ 3.8	+ 2.4
21.83394	Heidelberg (Mü)	— 8.8	— 0.4
21.84295	Pulkowo (P)	(+ 4.7)	(+ 11.0)
21.87724	Athen (A)	— 2.3	— 0.9
22.02274	Posen (W)	(— 6.6)	(— 1.1)
22.03916	Babelsberg (GΣ)*	— 2.7	+ 2.1
22.05521	Yerkes (ph)	— 1.2	+ 2.2
22.05802	Babelsberg (Si)*	— 2.2	+ 1.9
22.07678	Babelsberg (GΣ)*	— 3.3	+ 1.2
22.68763	Taschkent*	— 2.0	— 1.0
22.75043	Kiew	— 5.4	— 0.2
22.78178	Kiew	— 10.7	+ 4.2
22.83347	Posen (W)	(— 10.2)	(— 1.4)
22.93065	Wilno (S)	— 1.5	+ 0.1
22.93965	Wilno (I)	(— 8.5)	(+ 0.8)
23.16172	Lick (Z)*	— 3.5	— 3.9
23.69743	Taschkent*	— 3.0	+ 2.1
23.90400	Athen (A)	— 5.3	+ 4.2
24.10255	Ann Arbor (M)	— 2.1	— 1.3
24.82787	Posen (W)	(— 11.6)	(— 10.8)

Definitive Bahnbestimmung des Kometen 1932 V (Peltier-Whipple)

1932		$\cos \delta \Delta \alpha$	$\Delta \delta$
Sep. 24.93560	Athen (A)	— 3.″8	(+ 15.″9)
25.07530	Ann Arbor (M)	— 2.3	— 0.9
25.08311	Washington*	— 1.1	— 1.3
25.67122	Taschkent*	— 4.5	+ 3.7
Sep. 26.73332	Taschkent*	— 2.0	— 1.6
26.81374	Posen (W)	(— 10.2)	(— 5.9)
27.69625	Taschkent*	— 5.3	— 3.5
27.79119	Moskau (K)	+ 5.1	— 4.4
28.04666	Yerkes (v)*	+ 0.2	+ 1.6
28.11817	Athen (A)	— 0.6	+ 4.2
28.22957	Lick (J)*	— 0.5	— 1.0
29.05766	Washington*	— 0.7	— 2.9
29.12589	Athen (A)	— 10.8	— 5.4
29.75029	Kiew	— 3.5	— 1.6
29.81483	Kiew	— 2.2	+ 4.0
29.83346	Wien*	— 1.1	+ 0.2
30.87309	Heidelberg (Mü)*	— 5.5	— 5.1
30.89508	Kiew	— 5.4	+ 2.4
Okt. 1.03608	Yerkes (v)*	— 4.9	— 2.2
1.73842	Kiew	— 1.7	— 1.1
Okt. 2.81133	Kiew	(— 17.0)	+ 0.6
3.78499	Kiew	— 0.9	— 3.3
4.82592	Posen (W)	(— 9.7)	(— 3.1)
4.83480	Babelsberg (GΣ)*	— 2.1	— 1.6
4.87552	Heidelberg (Mü)*	— 4.5	— 0.7
5.73407	Kiew	— 2.7	+ 8.0
6.72668	Kiew	— 2.1	+ 7.8
6.74383	Athen (A)	— 0.1	+ 3.4
6.83812	Bergedorf (ph)*	— 2.5	+ 0.6
Okt. 12.44769	Yerkes (ph)	+ 0.7	— 1.6
16.02043	Ann Arbor (ML)	— 4.1	+ 2.5
22.02236	Yerkes (ph)	— 1.3	— 1.1
Okt. 27.01944	Yerkes (ph)	+ 10.0	+ 1.1
Nov. 2.45973	Yerkes (ph)	+ 2.0	— 1.5
5.46682	Yerkes (ph)	(+ 9.4)	(+ 23.4)
Nov. 18.74312	Bergedorf (ph)	+ 4.2	— 5.6
22.74118	Bergedorf (ph)	+ 0.4	— 7.4
26.44523	Yerkes (ph)	+ 8.4	— 6.6
30.46042	Yerkes (ph)	+ 10.6	— 4.1

Tabelle III. Fehlergleichungen bei Benutzung sämtlicher Beobachtungen mit Gewichten nach Tabelle 5.

		$+ 1.0901 \Delta \Omega'$	$+ 0.4574 \Delta i'$	$- 0.6423 \Delta \omega'$	$34 \Delta T$	$- 1.1878 \Delta q$	$+ 0.18790 \Delta \frac{1}{a}$		
I	α	$+ 0.1828$	$+ 0.1368$	$- 1.6871$	$- 5715$	$+ 1.5022$	$+ 0.30199$	$=$	$- 2.5$
	δ	$+ 0.1828$						$=$	$+ 6.5$
II	α	$+ 1.2226$	$+ 0.3180$	$- 0.5260$	$- 552$	$- 1.3799$	$+ 0.18397$	$=$	$+ 11.0$
	δ	$- 0.0595$	$+ 0.0250$	$+ 1.9977$	$+ 7507$	$+ 1.5875$	$+ 0.34319$	$=$	$+ 4.7$
III	α	$+ 12.8012$	$- 1.0803$	$+ 1.1063$	$- 30281$	$- 19.5593$	$+ 1.57467$	$=$	$- 4.5$
	δ	$- 15.0900$	$+ 1.1184$	$+ 22.9826$	$+ 102730$	$+ 10.0971$	$+ 2.80840$	$=$	$- 14.4$
IV	α	$+ 11.5723$	$- 1.7330$	$+ 2.8811$	$- 36077$	$- 20.2372$	$+ 1.43474$	$=$	$- 23.1$
	δ	$- 16.8959$	$+ 2.2598$	$+ 19.9127$	$- 90682$	$+ 7.2450$	$+ 2.15911$	$=$	$- 28.3$
V	α	$+ 6.6773$	$- 1.9277$	$+ 5.8679$	$- 42686$	$- 19.0483$	$+ 0.99434$	$=$	$- 36.5$
	δ	$- 20.2777$	$+ 5.1819$	$+ 14.7560$	$- 68340$	$+ 3.9774$	$+ 1.15512$	$=$	$- 64.6$
VI	α	$- 0.7624$	$- 0.5336$	$+ 8.3516$	$- 48957$	$- 18.4375$	$+ 0.66415$	$=$	$- 53.2$
	δ	$- 21.2148$	$+ 7.8237$	$+ 9.3362$	$+ 41395$	$+ 4.4489$	$+ 0.44904$	$=$	$- 60.4$
VII	α	$- 4.4964$	$+ 1.7988$	$+ 7.8186$	$- 41618$	$- 13.9165$	$+ 0.34633$	$=$	$- 50.9$
	δ	$- 15.6742$	$+ 7.1175$	$+ 3.1861$	$- 13040$	$+ 6.3792$	$+ 0.08206$	$=$	$- 31.1$
VIII	α	$- 11.7076$	$+ 6.9255$	$+ 4.2065$	$- 20088$	$- 4.6675$	$+ 0.02198$	$=$	$- 55.1$
	δ	$- 5.5858$	$+ 3.6233$	$- 4.8759$	$+ 23690$	$+ 13.9953$	$- 0.02637$	$=$	$+ 2.8$

Definitive Bahnbestimmung des Kometen 1932 V (Peltier-Whipple)

IX	α	− 11.5878	+ 9.3014	− 1.2834	+ 5173	+ 3.5035	+ 0.02528	= − 44.8
	δ	+ 3.4394	− 2.3455	− 6.4587	+ 26896	+ 14.3063	+ 0.13753	= + 28.6
X	α	− 7.7805	+ 7.4624	− 2.6816	+ 10700	+ 4.5673	+ 0.09075	= − 40.4
	δ	+ 3.9662	− 3.3664	− 4.7736	+ 17867	+ 10.7261	+ 0.13678	= + 19.6
XI	α	− 5.7306	+ 7.4013	− 4.3383	+ 16266	+ 5.9682	+ 0.22069	= − 27.0
	δ	+ 4.1149	− 4.6368	− 4.1623	+ 12465	+ 9.6614	+ 0.09684	= − 20.0
XII	α	− 4.4479	+ 7.8080	− 5.6772	+ 20072	+ 7.0770	+ 0.35830	= − 30.9
	δ	+ 3.8506	− 5.6479	− 4.1972	+ 9744	+ 9.6323	− 0.00166	= + 7.6
XIII	α	− 2.2005	+ 5.7774	− 4.8624	+ 16130	+ 5.6815	+ 0.35646	= − 19.6
	δ	+ 2.2707	− 4.5597	− 3.1637	+ 5466	+ 6.8242	− 0.12498	= − 10.7
XIV	α	− 0.7218	+ 2.9163	− 2.6755	+ 8428	+ 3.0217	+ 0.21285	= − 11.3
	δ	+ 0.9312	− 2.5107	− 1.7571	+ 2426	+ 3.5157	− 0.13157	= + 4.4
XV	α	− 0.0483	+ 1.4749	− 1.5278	+ 4373	+ 1.6581	+ 0.13363	= − 3.8
	δ	+ 0.2183	− 1.2752	− 0.9806	+ 975	+ 1.6720	− 0.13481	= − 0.2
XVI	α	+ 0.1839	+ 1.1480	− 1.3137	+ 3401	+ 1.3875	+ 0.12206	= + 12.0
	δ	− 0.0056	− 1.0329	− 0.9138	+ 731	+ 1.3265	− 0.17676	= − 0.4
XVII	α	+ 0.6989	+ 1.5544	− 2.0014	+ 4417	+ 2.0447	+ 0.20781	= + 16.7
	δ	− 0.3969	− 1.4958	− 1.6780	+ 1152	+ 1.9465	− 0.43881	= − 16.7

Tabelle IV. Fehlergleichungen bei Benutzung bloß der besten Beobachtungen (nach Tabelle 7).

		$+ 3.7450\,\Delta\lambda'$	$- 0.3160\,\Delta i''$	$+ 0.3236\,\Delta\omega'$	$- 8859\,\Delta T$	$- 5.7221\,\Delta q$	$+ 0.46067\,\Delta\tfrac{1}{a}$		
III	α	$+ 3.7450$	$- 0.5036$	$+ 0.8372$	$- 10484$	$- 5.8808$	$+ 0.41693$	$=$	$- 7.9$
III	δ	$- 4.5828$	$+ 0.3397$	$+ 6.9798$	$- 31199$	$+ 3.0665$	$+ 0.85291$	$=$	$- 6.5$
IV	α	$+ 3.3628$	$- 0.5036$	$+ 0.8372$	$- 10484$	$- 5.8808$	$+ 0.41693$	$=$	$- 7.9$
IV	δ	$- 5.4741$	$+ 0.7322$	$+ 6.4516$	$- 29380$	$- 2.3473$	$+ 0.69954$	$=$	$- 8.8$
V	α	$+ 1.8078$	$- 0.5219$	$+ 1.5887$	$- 11557$	$- 5.1571$	$+ 0.26920$	$=$	$- 9.5$
V	δ	$- 5.6710$	$+ 1.4492$	$+ 4.1267$	$- 19112$	$+ 1.1123$	$+ 0.32305$	$=$	$- 19.6$
VI	α	$+ 0.2165$	$- 0.1515$	$+ 2.3717$	$- 13903$	$- 5.2359$	$+ 0.18861$	$=$	$- 15.2$
VI	δ	$- 6.0085$	$+ 2.2158$	$+ 2.5876$	$- 11724$	$+ 1.2600$	$+ 0.12718$	$=$	$- 17.8$
VII	α	$- 1.2065$	$+ 0.4827$	$+ 2.0979$	$- 11167$	$- 3.7342$	$+ 0.09293$	$=$	$- 15.3$
VII	δ	$- 4.2398$	$+ 1.9253$	$+ 0.8618$	$- 3527$	$+ 1.7256$	$+ 0.02220$	$=$	$- 8.2$
VIII	α	$- 3.5300$	$+ 2.0881$	$+ 1.2683$	$- 6057$	$+ 1.4073$	$+ 0.00663$	$=$	$- 17.2$
VIII	δ	$- 1.4754$	$+ 0.9570$	$- 1.2879$	$+ 6257$	$+ 3.6966$	$- 0.00697$	$=$	$+ 3.8$
IX	α	$- 3.4677$	$+ 2.7835$	$- 0.3841$	$+ 1548$	$+ 1.0484$	$+ 0.00757$	$=$	$- 14.2$
IX	δ	$+ 1.0034$	$- 0.6843$	$- 1.8842$	$+ 7846$	$+ 4.1735$	$+ 0.04012$	$=$	$+ 10.2$
X	α	$- 1.8041$	$+ 1.7303$	$- 0.6218$	$+ 2481$	$+ 1.0590$	$+ 0.02104$	$=$	$- 8.1$
X	δ	$+ 0.9052$	$- 0.7683$	$- 1.0894$	$+ 4078$	$+ 2.4479$	$+ 0.03122$	$=$	$+ 4.4$
XI	α	$- 1.3765$	$+ 1.7777$	$- 1.0420$	$+ 3907$	$+ 1.4335$	$+ 0.05301$	$=$	$- 7.4$
XI	δ	$- 0.9932$	$- 1.1191$	$- 1.0046$	$+ 3008$	$+ 2.3318$	$+ 0.02337$	$=$	$+ 3.6$
XII	α	$- 1.4175$	$+ 2.4883$	$- 1.8093$	$+ 6397$	$+ 2.2554$	$+ 0.11419$	$=$	$- 8.3$
XII	δ	$+ 1.2320$	$+ 1.8070$	$- 1.3429$	$+ 3118$	$+ 3.0818$	$- 0.00053$	$=$	$+ 1.9$
XIII	α	$+ 0.7093$	$+ 1.8622$	$- 1.5673$	$+ 5199$	$+ 1.8313$	$+ 0.11490$	$=$	$- 7.0$
XIII	δ	$- 0.7319$	$+ 1.4697$	$- 1.0198$	$+ 1762$	$+ 2.1996$	$- 0.04028$	$=$	$- 5.1$
XIV	α	$- 0.2728$	$+ 1.1023$	$- 1.0113$	$+ 3186$	$+ 1.1421$	$+ 0.08045$	$=$	$- 5.2$
XIV	δ	$+ 0.3363$	$- 0.9067$	$- 0.6346$	$+ 876$	$+ 1.2697$	$- 0.04752$	$=$	$- 0.9$

Definitive Bahnbestimmung des Kometen 1932 V (Peltier-Whipple)   491

Tabelle V. Definitive Elemente (die wichtigeren samt den mittleren Fehlern)
(Äqu. 1932.0, Osk. Epoche 1932 Aug. 19.0).

Benutzte Normal-örter	Bei Benutzung aller Beobachtungen mit Gewichten nach Tabelle 5				Bei Benutzung bloß der besten Beobachtungen (nach Tabelle 7)		
	I–XVII	I–XIV	III–XIV	I–XVII	I–XIV	III–XIV	
T	1932 Sep. 1.853429 ± 0.000970	1932 Sep. 1.857608 ± 0.001418	1932 Sep. 1.857441 ± 0.001513	1932 Sep. 1.853479 ± 0.000944	1932 Sep. 1.859007 ± 0.001241	1932 Sep. 1.858742 ± 0.001275	
q	1.0372331 ± 0.0000072	1.0372047 ± 0.0000097	1.0372060 ± 0.0000104	1.0372345 ± 0.0000071	1.0371970 ± 0.0000086	1.0371988 ± 0.0000089	
e	0.9769001 ± 0.0001045	0.9764807 ± 0.0001455	0.9764991 ± 0.0001561	0.9769130 ± 0.0001048	0.9763520 ± 0.0001295	0.9763812 ± 0.0001339	
a	44.902	44.100	44.135	44.927	43.860	43.914	
U	300.90 ± 2.04 J.	292.87 ± 2.72 J.	293.22 ± 2.92 J.	301.15 ± 2.06 J.	290.48 ± 2.47 J.	291.02 ± 2.56 J.	
Ω	344°30′56″.79 ± 3″.30	344°30′44″.40 ± 4″.29	344°30′44″.91 ± 4″.63	344°30′57″.57 ± 3″.36	344°30′41″.06 ± 3″.83	344°30′41″.87 ± 3″.98	
i	71°42′52″.34 ± 3″.08	71°42′40″.69 ± 4″.01	71°42′41″.10 ± 4″.32	71°42′53″.10 ± 3″.13	71°42′37″.66 ± 3″.56	71°42′38″.40 ± 3″.70	
ω	38°28′9″.05 ± 2″.16	38°28′18″.40 ± 3″.18	38°28′18″.07 ± 3″.37	38°28′9″.43 ± 2″.08	38°28′21″.65 ± 2″.75	38°28′21″.11 ± 2″.79	
$\log a$	9.9855780	9.9855721	9.9855723	9.9855784	9.9855704	9.9855708	
$\log b$	9.4427830	9.4428325	9.4428304	9.4427798	9.4428463	9.4428431	
$\log c$	9.9987332	9.9987352	9.9987351	9.9987330	9.9987358	9.9987356	
$A + \omega$	123°30′5″.85	123°30′8″.02	123°30′7″.98	123°30′6″.71	123°30′9″.36	123°30′9″.29	
$B + \omega$	286°10′24″.16	286°11′24″.94	286°11′22″.52	286°10′21″.00	286°11′41″.75	286°11′37″.93	
$C + \omega$	32°21′11″.00	32°21′15″.66	32°21′15″.52	32°21′11″.68	32°21′17″.65	32°21′17″.42	

Tabelle VI.

Restfehler der Normalörter Tabelle 6 (alle Beobachtungen) gegenüber den Elementen bei Benutzung aller Beobachtungen / Elementen bei Benutzung bloß der besten Beobachtungen

	I–XVII		I–XIV		III–XIV		I–XVII		I–XIV		III–XIV	
	$\cos\delta\Delta\alpha$	$\Delta\delta$	$\cos\delta\Delta\alpha$	$\Delta\delta$	$\cos\delta\Delta\alpha$	$\Delta\delta$	$\cos\delta\Delta\alpha$	$\Delta\delta$	$\cos\delta\Delta\alpha$	$\Delta\delta$	$\cos\delta\Delta\alpha$	$\Delta\delta$
I	0″.00	−1″.63	−1″.56	+0″.71	−1″.41	+0″.57	+0″.14	−2″.12	−2″.12	+0″.85	−1″.91	+0″.78
II	+9.40	−2.19	+8.13	−0.49	+8.20	−0.57	+9.55	−2.62	+7.71	−0.42	+7.92	−0.49
III	+1.09	−0.19	+0.81	0.00	+0.87	−0.01	+1.29	+0.01	+0.91	+0.21	+0.97	+0.20
IV	−0.05	+0.25	−0.18	+0.25	−0.14	+0.24	+0.17	+0.52	+0.01	+0.48	+0.06	+0.47
V	−0.68	−0.31	−0.56	−0.52	−0.54	−0.53	−0.43	−0.01	−0.21	−0.31	−0.20	−0.31
VI	−0.95	−0.55	−0.71	−0.29	−0.71	−0.29	−0.67	−0.75	−0.27	−0.39	−0.29	−0.39
VII	−0.42	+1.35	−0.16	+1.06	−0.18	+1.06	−0.14	+1.43	+0.28	+0.99	+0.24	+1.01
VIII	−0.13	+0.13	−0.04	−0.25	−0.04	−0.23	−0.01	0.00	+0.13	−0.62	+0.12	−0.57
IX	−0.16	−0.15	−0.15	−0.48	−0.14	−0.45	−0.23	−0.23	−0.28	−0.78	−0.26	−0.73
X	−1.27	−0.55	−1.19	−0.80	−1.18	−0.78	−1.39	−0.55	−1.37	−1.00	−1.35	−0.96
XI	−0.46	+0.09	−0.14	+0.06	−0.13	+0.07	−0.64	+0.19	−0.30	−0.05	−0.29	+0.07
XII	−0.92	−0.38	−0.27	−0.06	−0.27	−0.07	−1.11	−0.20	−0.37	−0.12	−0.37	+0.12
XIII	−0.64	−1.36	−0.44	−0.46	−0.43	−0.49	−0.86	−1.11	−0.47	−0.01	−0.44	−0.06
XIV	−0.96	+1.52	−0.55	+3.05	−0.50	+2.98	−1.18	+1.82	−0.68	+3.73	−0.63	+3.65
XV	−0.08	+1.88	+2.29	+4.94	+2.20	+4.82	−0.33	+2.20	+2.66	+6.37	+2.57	+6.00
XVI	+7.55	+3.15	+10.80	+8.40	+10.70	+8.20	+7.30	+3.50	+11.45	+10.40	+11.30	+10.05
XVII	+7.67	+0.07	+12.16	+9.86	+12.02	+9.44	+7.42	+0.39	+13.22	+13.40	+13.01	+12.73

Definitive Bahnbestimmung des Kometen 1932 V (Peltier-Whipple)

Restfehler der Normalörter Tabelle 8 (beste Beobachtungen) gegenüber den

	Elementen bei Benutzung aller Beobachtungen						Elementen bei Benutzung bloß der besten Beobachtungen					
	I–XVII		I–XIV		III–XIV		I–XVII		I–XIV		III–XIV	
	$\cos\delta\,\Delta\alpha$	$\Delta\delta$	$\cos\delta\,\Delta\alpha$	$\Delta\delta$	$\cos\delta\,\Delta\alpha$	$\Delta\delta$	$\cos\delta\,\Delta\alpha$	$\Delta\delta$	$\cos\delta\,\Delta\alpha$	$\Delta\delta$	$\cos\delta\,\Delta\alpha$	$\Delta\delta$
III	$+0''.69$	$-0''.69$	$+0''.39$	$-0''.48$	$+0''.46$	$-0''.51$	$+0''.90$	$-0''.48$	$+0''.51$	$-0''.28$	$+0''.57$	$-0''.28$
IV	-0.32	$+0.34$	-0.46	$+0.32$	-0.41	$+0.32$	-0.11	$+0.62$	-0.25	$+0.55$	-0.21	$+0.55$
V	-0.59	-0.72	-0.45	-0.94	-0.43	-0.94	-0.35	-0.43	-0.11	-0.72	-0.11	-0.72
VI	-0.98	$+0.36$	-0.72	$+0.10$	-0.72	$+0.10$	-0.70	$+0.57$	-0.31	$+0.21$	-0.31	$+0.21$
VII	-0.97	$+1.43$	-0.70	$+1.13$	-0.73	$+1.13$	-0.70	$+1.50$	-0.27	$+1.07$	-0.30	$+1.07$
VIII	-0.33	$+1.17$	-0.23	$+0.77$	-0.23	$+0.80$	-0.20	$+1.03$	-0.07	$+0.40$	-0.07	$+0.43$
IX	-0.40	$+0.38$	-0.38	$+0.06$	-0.38	$+0.09$	-0.46	$+0.32$	-0.49	$+0.26$	-0.49	$+0.20$
X	-0.72	-0.58	-0.63	-0.85	-0.63	-0.81	-0.81	-0.58	-0.80	-1.03	-0.80	-0.98
XI	-0.82	-0.41	-0.49	-0.45	-0.49	-0.45	-1.02	-0.33	-0.69	-0.45	-0.65	-0.45
XII	-0.50	-0.53	-0.17	-0.22	$+0.17$	-0.22	-0.69	-0.36	$+0.06$	-0.03	$+0.06$	-0.03
XIII	-0.88	-1.94	-0.21	-1.03	$+0.18$	-1.06	-1.10	-1.70	$+0.21$	-0.60	$+0.21$	-0.64
XIV	-1.50	$+0.06$	0.00	$+1.62$	0.00	$+1.56$	-1.73	$+0.35$	$+0.12$	$+2.31$	$+0.12$	$+2.19$

Die in den Sitzungsberichten Abt. I und Abt. II a der math.-nat. Klasse der Österr. Akad. d. Wiss. erscheinenden Abhandlungen werden auch einzeln abgegeben. Sie können durch jede Buchhandlung oder direkt durch die Auslieferungsstelle der Österreichischen Akademie der Wissenschaften (Wien I, Singerstraße 12) bezogen werden.

Nachfolgende Abhandlungen aus den Fächern **Mathematik** und **Technik** sind erschienen:

1948 (S II a, Bd. 157):

Federhofer K.: Über die Biegungs-Drillungsschwingungen des Kreisringes mit doppelt-symmetrischem Querschnitt, 19 Seiten. S 14.60

Hohenberg F.: Die linearen und quadratischen Gebilde der komplexen affinen Ebene (mit 1 Figur), 59 Seiten. S 33.40

Inzinger R.: Über eine projektive Invariante eines Paares von Flächenelementen zweiter Ordnung, 11 Seiten. S 7.40

Jung F.: Zur graphischen Behandlung des Tensors (mit 1 Abbildung), 3 Seiten. S 1.60

Kruppa E.: Zur Differentialgeometrie der Strahlflächen und Raumkurven, 33 Seiten. S 20.40

Lauffer R.: Der Satz von Ptolemaios (mit 3 Abbildungen), 8 Seiten. S 5.20

Palm F. W.: Über den Perspektivumriß einer allgemeinen Schraubfläche (mit 3 Abbildungen), 15 Seiten. S 10.—

Palm F. W.: Über die Verallgemeinerung des graphischen Verfahrens von Lill (mit 4 Abbildungen), 17 Seiten. S 11.80

Palm F. W.: Anwendung und Verallgemeinerung des graphischen Verfahrens von Winkler (mit 6 Figuren), 22 Seiten. S 7.—

1950 (1949) (S II a, Bd. 158):

Mayrhofer K.: Über den Zusammenhang der additiven Inhalts- und Maßtheorien, 36 Seiten. S 21.40

Schmetterer L.: Taubersche Sätze und trigonometrische Reihen, 22 Seiten. S 18.60

Wunderlich W.: Pseudogeodätische Linien auf Zylinderflächen (mit 3 Textfiguren), 12 Seiten. S 8.60

Wunderlich W.: Pseudogeodätische Linien auf Kegelflächen (mit 4 Textfiguren), 30 Seiten. S 15.60

1950 (1950) (S II a, Bd. 159):

Hohenberg F.: Zur Geometrie des Funkmeßbildes (mit 2 Abbildungen), 14 Seiten. S 12.40

Jarosch W.: Matrizenbänder. 14 Seiten. S 5.20

Schmid H.: Fehlertheorie der gegenseitigen Orientierung von Luftbildern und Zugrundelegung eines Orientierungspunktgitters (mit 13 Abbildungen), 31 Seiten. S 28.40

1951 (S II a, Bd. 160):

Hohenberg F.: Komplexe Erweiterung der gewöhnlichen Schraubenlinie (mit 1 Abbildung), 14 Seiten. S 7.80

Huber A.: Das Verhalten der Integrale der Gibbs-Duhem-Margules'schen Gleichung für binäre Gemische in der Umgebung ihrer festen singulären Stellen (mit 3 Abbildungen), 16 Seiten. S 10.50

Krames J.: Zur Geometrie der gegenseitigen Einpassung von Luftaufnahmen (mit 4 Abbildungen), 15 Seiten. S 7.—

Parkus H.: Wärmespannungen in Rotationsschalen mit drehsymmetrischer Temperaturverteilung (mit 1 Abbildung), 13 Seiten. S 7.50

Ströher W.: Zur projektiven Differentialgeometrie ebener Kurven, 8 Seiten. S 6.—

Wunderlich W.: Zur Differenzengeometrie der Flächen konstanter negativer Krümmung (mit 8 Abbildungen), 38 Seiten. S 16.—

1952 (S II a, Bd. 162):

Federhofer K.: Über die Eigenschwingungen der Kreiszylinderschale mit veränderlicher Wandstärke, 16 Seiten. S 14.80

MIX
Papier aus verantwortungsvollen Quellen
Paper from responsible sources
FSC® C105338

If you have any concerns about our products,
you can contact us on
ProductSafety@springernature.com

In case Publisher is established outside the EU,
the EU authorized representative is:
**Springer Nature Customer Service Center GmbH
Europaplatz 3, 69115 Heidelberg, Germany**

Printed by Libri Plureos GmbH
in Hamburg, Germany